多功能
百變造型包

宋淑慧（黛西）／著

CONTENTS

作者序

在此先謝謝各位讀者購買這本書！

　　真心謝謝雜誌社全體工作人員，沒有您們這本書是不可能順利完成的。

　　從手縫到機縫這一段過程，時間不算短，每個階段都過得相當充實，尤其作品完成的那一瞬間，從中獲得的滿足是手作人最開心的。

　　只要有工具材料，創造的作品是無限可能，剛開始大家都是從模仿做起，時間久了，我相信就會走出自己的風格。創作過程中有時難免會有瓶頸，這苦惱我也曾經有過，此時放下手邊的工作，看看書或聽聽音樂，問題好像就迎刃而解了。

　　作品好不好已經是其次，完成後最開心的是自己。

　　最後，希望藉由這本書可以對各位創作上有些幫助，也讓我們一起在手作上共同成長與精進！

PART 01
一包兩用變化包

一款包可變化成另一款包的模樣，背法也隨之改變，
依心情或需求使用，發揮最大價值，吸睛又具話題性。

方方小吐司

收納束口後背包

簡單的束口後背袋，車縫上拉鍊口袋，
即可變身為吐司般大小的斜背包，
讓您輕鬆打包時尚、快樂購物沒煩惱。

可愛的狗狗圖案、條紋帆布與紅棉繩的協調
搭配，讓整體作品更為出色！

收合後的束口包，就像片巧小的吐司，
簡約又甜美。

完成尺寸 ⇨
寬 14cm× 高 15cm× 底寬 1.5cm（收成小扁包）
寬 36cm× 高 42cm（束口後背包）

用布量

狗狗圖案帆布：寬 1.3× 長 3.1 尺、彩色直紋帆布：寬 1.1× 長 1.1 尺、口袋裡布 (視需求)、厚布襯：寬 1.3× 長 3.1 尺。

裁布

部位名稱	尺寸	數量
狗狗圖案帆布		
袋身 (有實版紙型)	寬 38× 長 92cm (含縫份)	1 片
彩色直紋帆布		
拉鍊前後片	紙型 (實際尺寸)	2 片 (燙厚布襯)
印花裡布		
口袋裡布	視需求	2 片

其它配件

45cm 夾克拉鍊 ×1 條、12cm 拉鍊 ×2 條、紅色棉繩約長 12~15 尺 ×1 條、紅色鞋帶約長 116cm×1 條 (也可用紅色棉線替代)、10mm 雞眼 ×2 組、2.5cm 米色織帶長 6cm×2 條 (袋角用)。

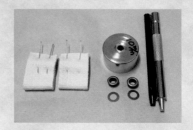

製作小包

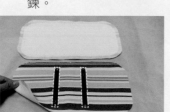

01　先取彩色直紋布一片當表布，車上 12cm 的拉鍊。

02　車縫好口袋內裡布 (口袋布大小可依個人需求決定)。

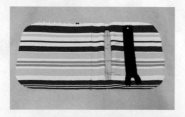

03　同作法完成另一側的拉鍊口袋 (可視個人需要)。車好拉鍊口袋後，表裏布都燙上襯。

04　表布車上夾克拉鍊。

05　周圍四角弧度剪牙口。

製作束口包

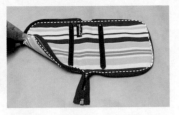

06 組合表裡布，裡面那片可用水溶性膠帶稍黏固定，再壓線車縫。

07 取狗狗圖案帆布備用。

08 將步驟 6 的彩色直紋小包依紙型位置放好，如圖車縫三邊 0.7cm 及中間線。

09 依紙型位置打洞貫穿條紋布與圖案布的前片，並敲上雞眼。

10 將整個袋身對折（正面相對），兩側下端袋角夾車上 2.5cm 寬米色織帶長 6cm（對折成 3cm）共 2 個。將兩側邊車合，袋口處進行拷克，以防鬚邊。

穿線與拉鍊收尾

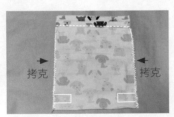

拷克　　　　　拷克

11 左右邊拷克後，袋口往下折 3cm 縫份，車縫袋口一圈。

12 翻回正面，束口包車縫完成。

13 準備棉繩，由袋口孔洞穿入。

（下方）

（下方）

14 穿繩繞袋口一圈，再穿到下方織帶，打結固定。

15 束口袋完成。

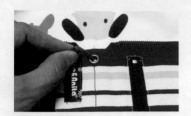

16 準備紅色鞋帶長約
116cm 一條，穿進雞眼
洞裡，作為收納用的背
帶。

17 拉鍊的尾端可以用合成
皮手縫收尾，或用餘布
包車修飾。

18 束口後背包，收納成輕
巧時尚斜背小包。

收納成小扁包折法

底部

袋口

01 將後背包下方往上折至
小包拉鍊內。

02 上方往下折一段。

03 再往下折至小包拉鍊
內。

04 左右兩邊也折進拉鍊
內。

05 對折蓋起，拉鍊拉合，
形成小扁包。

棉麻自然風

舒活兩用包

棉麻風格的手作包,
散發著一股純淨自然的味道;
當它變身為圓弧造型的後背包時,
更多了一份俏皮感〜

完成尺寸 ⇨
寬 24cm × 高約 27cm × 底寬 6cm（後背包）
寬 24cm × 高約 17cm × 底寬 6cm（腰包）

當小腰包使用時，展現另一種樸實溫和之
美，用來收納貴重物品，保管好放心！

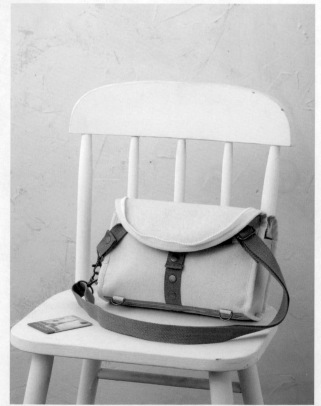

Materials 紙型 A 面

用布量

圖案帆布：寬 0.8 × 長 0.5 尺、綠色條紋帆布：寬 0.6 × 長 0.6 尺、
米色帆布：寬 2.7 × 長 2.1 尺、厚布襯：寬 2.6 × 長 2.1 尺、斜布條：
寬 4 × 長 150cm × 1 條。

裁 布

部位名稱	尺寸	數量
圖案帆布		
口袋	寬 16 × 長 22cm （含縫份）	2 片（前片燙襯）
米色帆布		
袋身後片	紙型（僅含包邊縫份）	1 片（燙厚布襯）
袋身裡布	紙型（含縫份）	1 片（燙厚布襯）
側邊布	寬 8 × 長 30cm （含縫份）	2 片（燙半邊厚布襯）
內部袋蓋	紙型（實際尺寸）	1 片（燙半邊厚布襯）
綠色條紋帆布		
袋身前片	紙型（僅含包邊縫份）	1 片（燙厚布襯）

其它配件

40cm 拉鍊 ×1 條、1.8cm D 環 ×2 個、3cmD 環 ×1 個、2.5cm 方型環 ×1 個、2.5cm 調整環 ×1 個、2.5cm 掛鉤 ×2 個、轉鎖 ×1 組、12mm 撞釘 ×4 組、12mm 四合釦 ×1 組、2.5cm 米色織帶約 150cm （包邊用）、2.5cm 淺綠色織帶 17cm ×1 條（袋上方的 D 環 + 方形環）、2.5cm 深綠色織帶 14 cm ×1 條（袋底的撞釘處）、1cm 織帶 7 cm ×2 條（帶耳布）、1.8cm 織帶 8cm ×2 條（袋底 D 環布）。

How To Make

製作口袋與內部袋蓋

01　將袋身前（條紋帆布）、後片（米色帆布）各自燙好襯；袋身裡布（米色帆布）也燙好襯備用。

02　取製作口袋用的圖案帆布前後片，正面相對，車縫外圍一圈，留一返口，再從返口翻回正面整理。

03　安裝轉鎖公釦後，再藏針縫合返口。

04 內部袋蓋，燙半襯。

05 剪出轉鎖母釦孔。

06 正面相對對折，車好翻正（留一段返口），正面壓線 0.5cm。

製作袋身與組合五金

07 安裝轉鎖母釦五金備用。

08 米色側邊條燙半襯。

09 對折疏縫三邊備用。

10 取寬 2.5× 長 17cm 淺綠織帶，裝上 D 環與方型環。

11 車縫固定在後表片上緣（依紙型位置）。

12 將寬 2.5× 長 14cm 深綠色織帶敲上撞釘及四合釦（依紙型位置）。

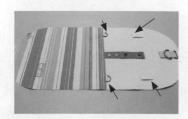

13 取 1×7cm 帶耳布 2 個，依紙型位置車縫固定。取 1.8×8cm 的織帶套上 D 環，2 組 D 環布各自夾車於袋身前後片（條紋布與米色帆布）之間。

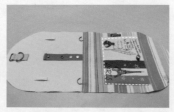

14 車上步驟 3 所完成的圖案口袋。

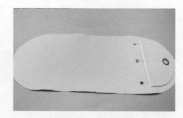

15 將內部袋蓋車縫一道，固定於袋身裡布上（見紙型位置）。

16 表袋布與裡袋布背面相對，疏縫周圍一圈。

17 取步驟9完成之側邊條跟袋身疏縫至止縫點，並在袋口處車縫上拉鍊。

18 取包邊條包上縫份。

製作拉鍊尾與背帶

19 拉鍊尾端縫上拉鍊片或包上剩餘布料裝飾。

20 織帶套上調整環、掛鉤，敲上撞釘就完成兩用的後背帶跟腰帶。

21 後背包模式，背帶穿法示意圖。作品完成！

收折成腰包

01 將背帶穿過後袋身兩個穿環。下方四合釦打開。

02 穿入上方的方型環。

03 再往下折釦住四合釦。

04 將前袋身上方折進內部。

05 內部袋蓋蓋住前袋身轉鎖扣合。

06 後背包可以折成腰包使用。

托特後背多功能包

低調沉穩的托特包，
在提把與袋口加點巧思，
就可以變身為大容量的後背包，
功能性強又具時尚感，
是假日出遊時絕佳的包款～

托特包前面的大口袋設計，
大方時尚又方便！

完成尺寸 ⇨
寬約 13.5cm× 高 22cm× 底寬 23.5cm（托特包）
寬約 13.5cm× 高 41.8cm× 底寬 23.5cm（後背包）

變身為束口後背包，東西買多了也不用
煩惱，後背更省力！

用布量

咖啡點水玉帆布：寬 0.7× 長 1.3 尺、粉紅點水玉帆布：寬 2.2×
長 1 尺、粉紅格帆布：寬 2.2× 長 1 尺、咖啡色帆布：寬 1.1× 長
1 尺、紅色裡布：寬 2.2× 長 1.4 尺、厚布襯：寬 2.2× 長 1.6 尺。

裁布

部位名稱	尺寸	數量
咖啡點水玉帆布		
口袋上布	紙型（實際尺寸）	1 片
口袋下布	紙型（實際尺寸）	1 片
粉紅點水玉帆布		
下袋身	紙型（實際尺寸）	2 片（燙厚布襯）
粉紅格帆布		
上袋身	寬 66× 高 24cm（含縫份）	1 片
咖啡色帆布		
內底	紙型（實際尺寸）	1 片
外底	紙型（實際尺寸）	1 片（燙厚布襯）
後背織帶用耳	寬 8× 長 8cm（含縫份）	1 片
D 環的耳	寬 6× 長 6cm（含縫份）	2 片
紅色裡布		
上袋身	寬 66× 高 20cm（含縫份）	1 片
下袋身	紙型（實際尺寸）	2 片

其它配件

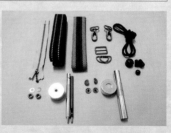

15cm 粉色拉鍊 ×1 條、2.5cm 織帶 142cm×1（後背用）、3cm
織帶 50cm×2 條（手提用）、2.5cm D 環 ×2 只、2.5cm 調整環
×1 個、蛋型環 ×4 組（亦可用別的替代）、12mm 撞釘 ×2 組、
2.5cm 掛鉤 ×2 個、棉線 90cm×1 條、束線夾 ×1 個、棉線修飾
釦 ×2 個（亦可用打結方式）、橢圓形塑膠底板 ×1 片、10mm 雞
眼 ×2 組。

製作前拉鍊大口袋

01　先取口袋下半部分之布片。

02　車縫四個角成立體狀。

03　再由上往下、正面相對對折，車縫外圍，需留返口。

04 翻回正面的樣貌。

05 同作法完成口袋上部份。再分別置於拉鍊上、下端,車縫固定。

06 完成後,翻到後面的樣貌。

製作包體下半部

07 取下袋身前後片燙襯備用。

08 先將其中一片,車上口袋,再將兩袋身正面相對,把兩側邊車好。

09 下袋身裡布也一樣車左右兩邊。

製作包體上半部

10 寬3×50cm織帶2條(手提用),兩端車上蛋型環(亦可用別的替代,目的是要讓織帶卡住於袋口)。

11 將裡布套入表布,正面相對,袋緣口用珠針固定好,將步驟10的織帶,夾在裡布及表布中間,車縫袋緣一圈 ※注意:車縫時要閃過織帶,不可車到,如此才能讓提把伸縮到裡面。

12 取表、裡布上袋身,於後中心線各自車縫一道,成環狀。再正面相對套入,車縫袋口一圈,並在表上袋身上方往下2cm處燙出折痕,翻正整理好(完成後將如圖15上端)。

包體上、下部位組合

13 表布中心往左右各2.5cm先打上雞眼。※注意:別打到裡布。

2.5 2.5

14 再由上緣往下2cm處,先車縫一圈(穿棉線用)。再將下緣縫份折入,車縫下緣一圈備用。

2cm

15 將上下袋身貼縫組合起來。

製作袋底與組合

16　將上袋身向下翻折，整理好備用。

17　取咖啡色底布兩片，其中一片外底燙襯備用。

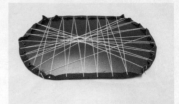

18　塑膠底板包上內底布。

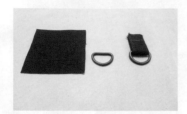

19　取後背織帶 D 環的耳布（6×6cm）兩片，車成長條備用。

20　將 D 環耳車在外底的正面（D 環固定位置，依紙型標示處）。

21　組合袋身與外底。

22　再用藏針縫縫上包塑膠板的底。

23　穿上棉繩、束線夾 1 個、棉線修飾釦 2 個（亦可用打結方式處理）。

24　包體車縫完成。

製作後背帶與固定

25　取後背用織帶（寬 2.5×長 142cm），裝上 2.5cm 掛鉤 2 個與調整環，並以 12mm 撞釘固定完成後背帶。

2　取 8×8cm 咖啡色帆布，製成後背織帶用耳。將布耳固定於上袋的後中心上（由上往下約 2cm 處），並穿入後背帶。

27　後背帶可拆下，將上袋身塞入袋口內，即可形成肩背包。

繽紛馬卡龍

點點拖特兩用包

不同的袋口變化，
展現不同的袋物風情，
就像是充滿驚喜與幸福感的繽紛馬卡龍，
烘托出美妙的異想世界。

經典不敗的拖特包款,透過袋口的變化與環扣的設計,
讓您隨心所欲做改變,像是幸福地擁有兩個包包。

完成尺寸 ⇨
寬約 23cm × 高 22cm × 底寬約 11cm(平行袋口)
寬約 23cm × 高 30cm × 底寬約 11cm(圓弧袋口)

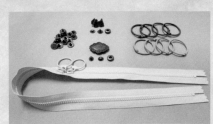

用布量

彩色點點帆布：寬 2.7× 長 1.5 尺、米色裡布：寬 2.7× 長 1.5 尺、
咖啡色表布：寬 13cm× 長 25cm、厚布襯：寬 5× 長 2 尺。

裁布

部位名稱	尺寸	數量
彩色點點帆布		
前後袋身	紙型（實際尺寸）	2 片（燙厚布襯）
袋蓋	紙型（實際尺寸）	1 片（燙半襯）
拉鍊側邊布	寬 3× 長 20cm（含縫份）	2 片
袋身提帶	寬 8× 長 46cm（含縫份）	4 條
提帶	寬 8× 長 60cm（含縫份）	2 條
米色裡布		
前後袋身	紙型（實際尺寸）	2 片（燙厚布襯）
拉鍊側邊布	寬 3× 長 20cm（含縫份）	2 片
內底（包塑膠板用）	寬 21× 長 33cm（含縫份）	1 片
印花裡布		
口袋裡布	視個人需求	1 片
咖啡色表布		
外底	寬 13× 長 25cm（含縫份）	1 片（燙厚布襯）

其它配件

56cm 雙頭拉鍊 ×1 條、造型四合釦 ×2 組、3cm 粉紅色環 ×4 個（可開式）、3cm 粉藍色環 ×4 個（可開式）、塑膠板 22.5cm×11cm、12mm 撞釘 ×8 組

How To Make

製作前口袋與袋蓋

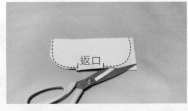

01 取袋蓋布，只燙一面襯，正面相對折後車縫，須留返口，然後留下 0.5cm 的縫份，其餘剪掉。※ 注意：返口處的縫份，不須剪小。

02 翻回正面，縫合返口，並壓線 0.2 ～ 0.3cm 備用。

03 前片可視個人需求車上口袋（步驟 4 ～ 9），然後將步驟 2 袋蓋車縫於前袋身。

04 口袋布與表袋身正面相
對，車縫袋口上下兩段。

05 剪開口袋（左右兩端，
要剪出 Y 字型），並將
口袋布翻至背面。

06 翻至背面呈現的樣貌。

07 如圖所示，表袋稍折起，
將口袋布的左右兩側與
三角形處車縫固定。

08 翻至正面，於口袋上壓一
道線固定。

09 口袋布三邊車縫，不要車
到袋身。

製作袋身前後片（表）

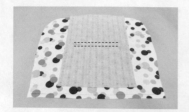

10 口袋完成後，於袋身表
布前後片，燙上厚布襯
備用。

11 於袋口處釘上一組四合
釦。※注意：不要釘到
口袋裡布！

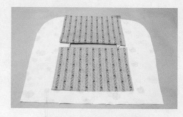

12 取拉鍊側邊布，表、裡
布各兩片，先將其中一
組表裡布，正面相對，
夾車拉鍊，翻正壓線。
同作法完成另一側。

製作提把

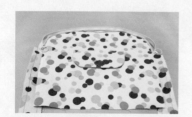

13 組合側邊拉鍊布與前袋
身。※注意：縫合拉鍊都
由中心點往左右車縫。

14 同作法完成後袋身車
縫，下方多餘的側邊布
最後再做修剪。

15 取袋身提帶 4 條，製作
提把（由布條兩側向中
間折入後，再對折車縫
兩長邊完成）。

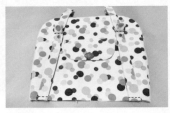  

16 將袋身提帶末端車縫固定在袋身前後片下方處;折線處(見紙型)須留一個耳,並車縫固定;剩餘的提袋布再內折成一個耳車縫好,並打上撞釘(見紙型)。

17 一面須完成 4 個撞釘。

製作袋身(裡)

18 再扣上 3cm 粉紅色環,共 4 個。

19 取前後袋身裡布兩片,用藏針縫分別與前後表布縫合。

20 取袋底表布,與袋身疏縫組合,確認無誤後,再用縫紉機車牢固定。

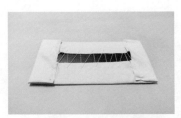  

21 內底的裡布包上塑膠板,運用針線來回穿縫固定。

22 用藏針縫將膠板與袋底結合。

組合袋身

23 底部縫好後,翻回正面稍做整裡。

24 於袋口敲上一組四合釦。

25 3cm 粉藍色環 4 個套上車好的 2 條提帶(寬 8× 長 60cm)。再用環扣與袋身做接合,完成!

簡約幾何
收納購物袋

簡單的袋型，不簡單的設計。
輕巧又時尚的可收納購物袋，
無論以哪種袋型呈現，都是目光焦點！

耀眼的寶藍色帆布,搭配簡約的幾何圖案,充滿
個性與時尚感的設計,讓購物包的質感大大加分!

完成尺寸 ⇨
寬 32cm × 高 22cm × 底寬 5cm(收成小包)
寬 32cm × 高 42cm × 底寬 5cm(購物袋)

Materials 紙型 A 面

用布量

藍色帆布：寬 1.3× 長 4 尺、幾何圖型帆布：寬 1× 長 2 尺、綠色裡布：寬 1× 長 2 尺、厚布襯：寬 1× 長 2 尺。

裁布

部位名稱	尺寸	數量
幾何圖形帆布		
前後片袋身	寬 24× 長 29cm（含縫份）	2 片（燙厚布襯 22×27cm）
綠色裡布		
前後片袋身內裡布	寬 24× 長 29cm（含縫份）	2 片
藍色帆布		
大袋身（有實版紙型）	寬 34× 長 42cm（不含縫份）	2 片
掛耳小提帶	寬 4× 長 44cm（含縫份）	1 條
拉鍊尾小布塊	寬 5× 長 7cm（含縫份）	1 片

其它配件

30cm 拉鍊 ×1 條、2.5cm 米白色織帶約 167cm、小掛鉤 ×1 個、8mm 撞釘 ×1 組、8mm 雞眼 ×1 組。

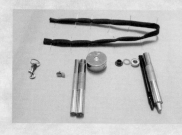

製作袋身前後片 - - - - - - - - - - - - - - - - - - How To Make

01 將幾何圖型表布 2 片，皆燙上厚布襯，綠色裡布整燙好備用。

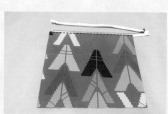

02 幾何圖型表布與綠色裡布正面相對，車縫一ㄇ字型，翻回正面，稍做整燙。接著，在上方車上 30cm 拉鍊，同作法完成另一面。

03 將前後片幾何圖形布分別車固定於藍色帆布大袋身上（置中對齊、車縫左右兩側）。

04 取一小段織帶作為掛耳，固定在藍色帆布一側邊。

05 將完成之袋身正面相對，於底部車縫一道。

06 車縫完成，翻至正面壓線固定縫份。

組合袋身與袋底打角

07 再次將袋身正面相對，先將底部的摺山線（位置見紙型）以強力夾固定好，再於袋身兩側車縫到底。

08 翻回藍色帆布正面，袋角的呈現如圖所示。

製作袋口與五金配件

09 翻至正面，並將藍色帆布的袋口向外折縫份 1cm，以珠針固定把手織帶（50cm×2 條）。

10 再用長約 67cm 織帶覆蓋在上，並於上下兩側各車縫一圈固定。

11 取掛耳小提帶布條，由兩側向內折燙，再對折車縫固定，製作成寬約 1cm 的提帶。

12 將小提帶穿入掛勾，並敲洞打上撞釘。

13 將掛耳織帶打洞，並裝上 8mm 的雞眼，再扣上小提帶。

14 取拉鍊尾小布塊（約寬 5× 長 7cm），製作拉鍊尾裝飾檔布。

15 作品完成。

童心小布點
橢圓形包

圓圓胖胖又迷你的橢圓形包，
有個可愛討喜的外型，
就像個純真的孩子般，惹人喜愛！

完成尺寸 ⇨
寬 28.5cm× 高 15cm× 底寬 9cm（橫放）

可扣上背帶當後背包使用。

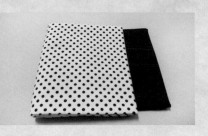

用布量

紅色點點表布：寬 1.2× 長 1 尺、紅色表布：寬 0.8× 長 1.8 尺、
米白素裡布：寬 2× 長 2.1 尺、厚布襯：寬 1.4× 長 2 尺。

裁 布

部位名稱	尺寸	數量
紅色點點表布		
袋身前後片	紙型（實際尺寸）	2 片（燙厚布襯）
紅色表布		
拉鍊上緣側邊布	寬 7.8× 長 50cm（實際尺寸）	1 片（燙厚布襯）
外底	寬 9× 長 26.5cm（實際尺寸）	1 片（燙厚布襯）
米白素裡布		
裡袋身前後片	紙型（實際尺寸）	2 片（燙厚布襯）
拉鍊內袋裡布	紙型（實際尺寸）	2 片
裡拉鍊上緣側邊布	寬 7.8× 長 50cm（實際尺寸）	1 片（燙厚布襯）
內底	寬 9× 長 26.5cm（實際尺寸）	1 片（燙厚布襯）

其它配件

50cm 拉鍊 ×1 條、17cm 拉鍊 ×1 條、3×4cm 合成皮拉鍊片
×2 個（短拉鍊兩端裝飾用，用布替代亦可）、6×17cm 塑膠
片 ×1 片（提把用）、3cm D 環掛耳合成皮片 ×3 個、2.5cm 日
型環 ×1 個、12mm 撞釘 ×2 組、2.5 cm 掛鉤 ×2 個、2cm 包
邊織帶 90cm×2 條、寬 2.5cm 織帶 157cm（後背包背帶用）、
8mm 撞釘 ×2 組、提把 21cm×1 條。

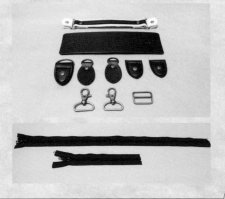

製作袋身前片拉鍊

How To Make

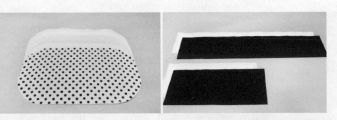

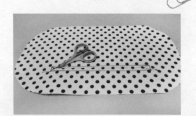

01 取紅色點點表布、米白素裡布、紅色拉鍊側邊條與外
底，燙襯備用。

02 將前片點點表布，畫上
拉鍊位置，並剪開。

03 取拉鍊內袋裡布 1 片，也做相同的處理。

04 將表布的拉鍊口先折燙處理好，車縫上 17cm 的拉鍊。

05 取步驟 3 的裡布（折燙好開口），並用藏針縫固定拉鍊處。

製作袋身前片

06 疏縫紅點點表布與裡布的周圍一圈。

07 取 3×4cm 合成皮拉鍊片 2 個，縫在拉鍊的兩端。※ 注意：不要縫到裡布。

08 取一拉鍊內袋裡布與裡袋身前片，背面相對，疏縫周圍一圈。

  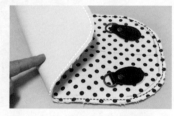

09 取拉鍊前片與步驟 8 所完成的拉鍊內袋裡布，再一次的疏縫外圍一圈備用。

10 取後片表布，縫上紅色 D 環掛耳，共 3 組。

11 完成後，再與裡袋身後片，背面相對，疏縫外圍一圈。

製作袋身側邊條

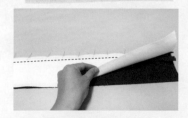 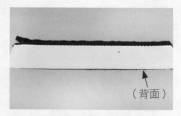 

12 取拉鍊側邊表裡布，中間夾車 50cm 拉鍊。

13 翻回正面整理，並壓線。

14 取外底與內底，夾車拉鍊左右兩側邊。

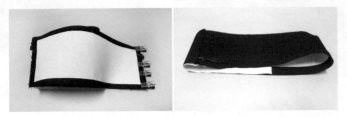

15 最後會形成一個環狀側邊條。

16 將完成的側邊條與拉鍊前片布對齊車縫。

17 再取 2cm 寬的包邊織帶 90cm 包住縫份。

18 拉鍊側邊條,依手提把長度敲上提把洞,放進塑膠片(對應位置也要打洞)。

19 同時安裝固定上提把。

20 組合袋身後片。

21 縫上包邊條。

22 將織帶套上日型調整環、掛勾後,兩端內折車縫固定,敲上撞釘,完成背帶。

23 將背帶扣上包包。

24 作品完成!

斜紋多功能包

可大可小的外觀變化設計，
讓袋物的收納能力大大提升，
絕對是大女孩不可或缺的日常包款。

收納後的袋包，可以是簡便的肩背包。

拉開兩側拉鍊，容量倍增！

完成尺寸 ➪
寬約 38.5cm × 高 26cm
（兩側收起時寬為 20cm）

用布量

斜紋彩色帆布：寬 1.5× 長 1.2 尺、米白色帆布：寬 1.5× 長 1.2
尺、藍色帆布：寬 1.5× 長 2 尺、卡通圖案裡布：寬 1.5× 長 2 尺。

裁布

部位名稱	尺寸	數量
彩色條紋布		
拉鍊口袋前後片	紙型（實際尺寸）	2 片
藍色素表布		
前後袋身	寬 28× 長 40.5 cm（含縫份）	2 片
袋蓋	紙型（實際尺寸）	2 片
米白色帆布裡布		
拉鍊口袋前後片	紙型（實際尺寸）	2 片
卡通圖案裡布		
前後袋身	寬 28× 長 40.5 cm（含縫份）	2 片

其它配件

2.5cm 夾克拉鍊 ×2 條、2.5cm 日
型調整環 ×1 個、轉鎖 ×1 組、
2.5cm 方型環 ×1 個、2.5cm 米白
色織帶 7cm×1 條、2.5cm 米白色
織帶 50cm×1 條、2.5cm 米白色織
帶 100cm×1 條、織帶（1×10cm）
×2 條。

製作袋身前後口袋、前後片（表）

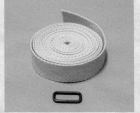

01　取前後拉鍊口袋表布與
　　裡布，正面相對固定好，
　　車縫袋口圓弧及兩側邊。

02　袋口圓弧上緣打牙口。

03　翻回正面，整理好袋型。

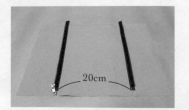

04 取前後袋身藍色表布，依口袋擺放位置的兩側車上 25cm 夾克拉鍊。

05 取步驟 3 的拉鍊口袋布，蓋住拉鍊並臨邊壓約 0.2 ～ 0.3mm 的線。同作法完成另一片袋身。

06 取袋蓋兩片正面相對，車縫 U 型，保留 0.5cm 縫份，其餘的修剪掉。

07 翻回正面稍作整理，開口縫份往內折整燙。

08 袋蓋車縫於後片彩色斜紋布中心上緣。※ 注意：不要車到藍色表布。

09 用小剪刀剪出圓洞，裝上轉鎖配件。

10 轉鎖安裝於前片彩色斜紋布相對應位置。

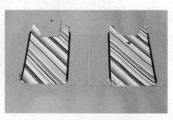

11 轉鎖安裝完成後正面所呈現的樣貌。

12 將袋身前後片，正面相對，車縫 U 字型。

13 翻回正面整理。

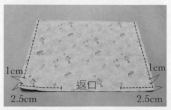

14 取裡布兩片正面相對車縫三邊，底留返口，左右兩側由下往上 2.5cm 處再各留 1cm 不車。

15　取 1×10cm 織帶兩條，
　　先固定於表布袋身裡面
　　（這樣收提袋角較方
　　便）。

16　將裡袋身套入表袋身，正
　　面相對，並沿袋口車縫一
　　圈，再由返口翻回正面。

17　於袋口壓線一圈，拉出
　　織帶，縫合返口。

製作提把與斜背帶

18　取寬 2.5 cm 米白色織帶
　　50cm×1 條，套入前片
　　拉鍊口袋表布上方，車
　　縫固定好。

19　完成後樣貌。

20　取寬 2.5cm 米白色織帶
　　7cm×1 條套入方型環，
　　車縫於後片拉鍊口袋表
　　布左上方，並固定好。

21　將 100cm 的織帶穿入調
　　整環，並與步驟 20 的方
　　型環接合車縫固定。

22　多功能兩用包完成！

兩側收進中間袋身，減少空
間好收納。背帶可調整長度。

魅力點點

率性兩用包

轉換扣環位置和凹折包型，
秀氣簡約的側肩背包可以馬上變身為
輕盈無負擔的率性腰包喲！

當成側肩背包使用時，
簡約溫潤的水玉布，更顯優雅氣質。

肩背時底部呈現的樣子。

當成腰包使用時，
展現出另一種率性魅力。

完成尺寸 ⇨
寬 32cm × 高 14cm × 底寬 10cm（肩背包）
寬 32cm × 高 20cm（腰包）

用布量

綠色素帆布：寬 0.8× 長 1.3 尺、綠色水玉布：寬 0.8× 長 1.3 尺、咖啡紅裡布：寬 1.5× 長 1.3 尺、墨綠色裡布：寬 0.8× 長 1 尺、厚布襯：寬 3× 長 1.5 尺。

裁布

部位名稱	尺寸	數量
綠色水玉布		
前袋身	紙型（實際尺寸）	1 片（燙厚布襯）
綠色素帆布		
後袋身	紙型（實際尺寸）	1 片（燙厚布襯）
咖啡紅裡布		
內部袋身	寬 42×37cm（含縫份）	1 片（燙厚布襯）
墨綠色裡布		
袋底包塑膠板用	寬 22×26cm（含縫份）	1 片

其它配件

25cm 米白色拉鍊 ×1 條、2.5cm 米白色織帶約 150cm、1cm 小掛鉤 ×2 個、1cm D 環 ×2 個、2.5cm 掛鉤 ×2 個、2.5cm 日型調整環 ×1 個、1.5cm D 環 ×4 個、12mm 撞釘 ×2 組、1×7cm 合成皮 ×2 條（可用織帶或布替代）、1.5×5cm 合成皮 ×4 條（可用織帶或布替代）、黑色魔術氈 15cm×2 條、10×24cm 黑色塑膠板 ×1 片。

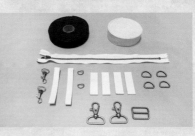

製作表袋

01 先準備好 1×7cm 合成皮 ×2 條、1cm 小掛鉤 ×2 個、1cm D 環 ×2 個。1.5×5cm 合成皮 4 條、1.5cm D 環 ×4 個。車縫固定好備用。

02 取素色綠帆布及綠色水玉布，各自車於拉鍊的兩邊。

03 依照紙型之記號點，固定好已完成的 1cm 小掛鉤皮條於兩側，並剪掉多餘的皮條。

製作裡袋

04 取咖啡紅內部袋身，車上黑色魔術氈（母）15cm×2 條。

05 裡布夾車袋口拉鍊與表布。※ 注意：拉鍊要先拉開。

06 表布正面相對，車縫左右兩側。※ 注意：表布在四個角處的小折角，需夾入步驟 1 所完成的 1.5cm D 環合成皮條共 4 組。再車縫裡布兩側（須留返口）及小折角。
※ 車縫線見圖 7。

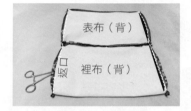

07 車縫好的樣子。

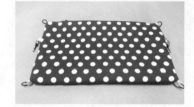

08 翻回正面。

製作底板與背帶

09 取墨綠色裡布，車縫三邊，放入黑色塑膠板。

10 完成的硬板縫上長 15cm 黑色魔術氈（公），放入包內增加硬度。

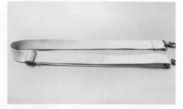

11 取織帶 150cm 套上掛鉤 2 個以及日型調整環，製作成背帶。

12 背帶扣上包包，小掛鉤扣上底部 D 環，即完成！

當腰包時側邊扣合的樣子。

帥氣牛仔

魔法購物包

好神奇，好厲害！
是手拿包、也可以是肩背包，
還可以是個大容量的購物包喔！

可長可短的提袋設計，
滿足你不同場合的需求。

完成尺寸 ⇨
寬 27cm× 高 16cm× 底寬 4cm（手拿包）
寬 27.5cm× 高 32cm× 底寬 12cm（購物包）

底部拉鍊拉開，
加大容量好實用。

用布量

牛仔圖案帆布：寬 2× 長 1.5 尺、卡其色帆布：寬 0.6× 長 3 尺、咖啡色帆布：寬 2.8× 長 3 尺、厚布襯：寬 2× 長 0.7 尺，裡布寬 2× 長 1.2 尺。

裁 布

部位名稱	尺寸	數量
牛仔圖案帆布		
小包前片	紙型（實際尺寸）	1 片（燙半邊襯）
小包後片	紙型（實際尺寸）	1 片（燙半邊襯）
卡其色帆布		
側邊條表布	寬 6× 長 58cm（含縫份）	1 片
側邊條裡布	寬 10× 長 58cm（多的縫份包邊用）	1 片
肩提帶	寬 6× 長 92cm（含縫份）	1 片
咖啡色帆布		
大袋身	紙型（實際尺寸）	2 片（上緣有含縫份了）

其它配件

56cm 夾克拉鍊 ×1 條、20cm 拉鍊 ×2 條（視需求）、3cm 織帶長約 75cm×2 條、12mm 四合釦 ×2 組、魔術氈長 7cm× 1 組。

牛仔圖案小包 - How To Make

製作袋身前片

01 取牛仔圖案前片（較矮的為前片），車上拉鍊及口袋布，可視個人需求取捨（做法參考 P.8 方方小吐司 收納束口後背包）。

製作袋身側邊條

02 將卡其色側邊條表裡布（寬 6× 長 58cm；寬 10× 長 58cm）兩條，正面相對置中擺放，左右兩短邊車縫起來，翻回正面，兩長邊疏縫固定（多餘縫份是包邊用）。

組合前後袋身片

03 將步驟 1 之前片，車上 56cm 夾克拉鍊（取拉鍊其中一側）。

04 取卡其色側邊條，再接合車縫上去（夾車拉鍊）。

05 後片車上另一側拉鍊如圖示。接著將前後片組合車縫好。

整理與包邊

06 袋身比較高者為後片，於袋邊剪牙口。

07 左右上邊的縫份往內折收好（珠針處），然後用多餘的卡其色帆布進行包邊。完成後，翻回正面備用。

咖啡色大提包

製作袋身與提把

08 取咖啡色帆布前後兩片。

09 各自車上3cm寬織帶（位置見紙型）。

10 再將前後袋身正面相對，車縫好兩側與底部。

車縫袋底與袋口

拷克

11 袋底角也車縫及拷克固定。

12 翻回正面，袋口往內折3cm，其中的1cm縫份再往內折，（才不會鬚邊），折好後壓線一圈固定。

車縫組合大小包

13 將牛仔圖案小包後片，車在大包後片外側的袋緣上。

14 車縫好正面的樣子。

製作長提帶與組合五金

15 取卡其色帆布（寬 6× 長 92cm），車成肩提帶。

16 肩提帶兩端車在小包兩側中間。

17 小包前片打上四合鈕（母）。

18 小包後片對應位置打上四合鈕（公）。

19 大包後片也敲上公鈕。

20 大包袋口中心車縫一組魔術氈，作品完成！

收納成小扁包折法

01 如圖將袋子攤平。

02 大提包兩邊往中間折，再將提把向內折好。

03 大提包下方往上對折，拉開小包側邊拉鍊。

04 折好的大提包往小包袋口處塞入，扣上四合鈕。

05 小包上的肩提帶可繞半圈收入底部拉鍊內。

06 多出的肩帶可以成為小扁包的手提帶。

PART
02
獨立款造型包

口金、後背、單肩背、手提、側背包，不同款式與造型，
創作出煥然一新的風格，每款都有特色，實用好搭配。

醫生口金包

超時尚、超立體的英倫國旗貼布縫，
保證超吸睛！醫生口金包的獨特包型，
與英倫國旗圖案的巧妙搭配，
充分展現手作藝術之美。
手作就是可以這麼獨特，揹著它，
肯定讓你自信滿點，神采飛揚～

48

完成尺寸 ⇨
寬 19cm× 高 17cm× 底寬 12cm

用布量

紅色表布：寬 2.4× 長 1.6 尺、深藍色表布：寬 1.2× 長 1 尺、
白色表布：寬 1.3× 長 1 尺、米白素裡布：寬 3.3× 長 1 尺、
厚布襯：寬 3.3× 長 2 尺。

裁 布

部位名稱	尺寸	數量
紅色表布		
後袋身片	紙型（實際尺寸）	1 片（燙厚布襯）
英國國旗內紅色十字	紙型（實際尺寸）	1 片
英國國旗內紅色貼布	紙型（實際尺寸）	4 片
深藍色表布		
英國國旗內藍色貼布	紙型（實際尺寸）	8 片
外底	寬 19× 長 12cm（實際尺寸）	1 片（燙厚布襯）
白色表布		
前袋身片	紙型（實際尺寸）	1 片（燙厚布襯）
米白素裡布		
前後袋身	紙型（實際尺寸）	2 片（燙厚布襯）
內底	寬 19× 長 12cm（實際尺寸）	2 片（製成袋型，夾入硬板）

其它配件 （部分配件可視個人需求增減）

30cm（總長）醫生口金 ×1 組、螺絲組 ×2 組、
8mm 撞釘 ×5 組、2.5cm D 環 ×2 個、2.5cm 方
型環 ×2 組、19×11.5cm 底用塑膠板 ×1 片、長
橢圓形的合成皮（寬 3× 長 13.5cm）×1 條、蛋
型雞眼 ×1 組、半圓拱形五金 ×1 個、半球吊飾
×1 個、手縫磁釦 ×1 組、2.5cm 合成皮條約長
40cm、深藍色合成皮背帶 ×1 條。

製作表裡袋身

01 取白色表布，依紙型標示，進行國旗色塊貼縫。

多 5~6cm

02 完成袋身前片表布貼縫。※ 注意：長度可多拼接 5~6cm，供提把裝飾用布塊，見步驟 15。

03 依紙型裁剪好袋身前片（國旗）、後片（紅），燙襯備用。

04 取袋身裡布前後片，燙襯備用。

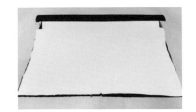

05 紅色後片先跟裡布的上緣車縫組合。

06 前片英國國旗布也跟裡布的上緣車縫。

整理袋口

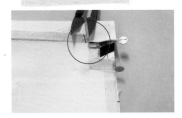

07 剪開前表布與裡布車合的縫份。

08 車縫一小段，並整燙縫份，燙出折痕，以便最後用藏針縫來縫合口金。

09 直角處，剪出牙口。紅圈處整燙縫份後，拆開縫線，之後要用來放入口金。

10 翻回正面整理，袋身前片完成。

11 同作法完成袋身後片。

12 再分別將袋身前後片三邊疏縫固定。

袋身組合與製作提把

13 按照醫生口金洞的位置打洞。※注意：每家口金不同，洞的位置也不同。

14 將袋身表布、裡布，各自正面相對，車合兩側的縫份。

15 取多餘拼貼的表布，剪下寬 14× 長 5cm（含縫份）的布塊，準備製作小提把（亦可購買現成提把）。

16 取 2.5cm 合成皮 20cm，與兩組方型環。

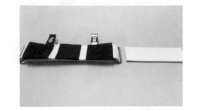

17 先用強力夾稍加固定，再車縫好布片，並敲上 8mm 撞釘。

18 打好撞釘所呈現的樣子。

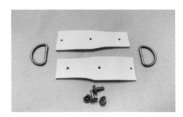

19 再取 2.5cm D 環 ×2 個、2.5cm 合成皮 8cm 長 ×2 條、8mm 撞釘 ×2 組。

20 製作小提把之左右兩側扣環。

安裝扣環五金

21 準備長橢圓形的合成皮（寬 3× 長 13.5cm）與蛋型雞眼備用。

22 安裝上蛋型雞眼。

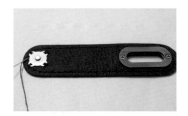

23 另一端手縫上磁釦（公釦）。

24 安裝半圓拱形五金，再敲上 8mm 的撞釘在袋身。※ 可買現成的皮飾扣帶。

25 袋身後方縫上母釦（磁釦裝在袋身後方，有防竊效果喔！）。

製作袋底

26 取藍色外底布。

27 將外底布與袋身對齊車縫組合。

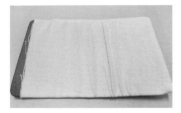

28 取米白素裡布內底車合，套入塑膠片縫合袋口。

29 用藏針縫將內底與袋身縫合。

30 車縫袋口左右兩側邊ㄩ型處，塞入口金。

31 縫合洞口。

32 逐一敲上撞釘、裝上小提把等配件。

33 取半球吊飾，將圖案紙黏在銅片上待乾，再用AB膠調合黏在玻璃邊，對好位置蓋上。

34 在待乾後就可以用鉗子裝在包包五金扣環上。
※ 前方皮扣帶裝飾可依個人喜好變化。

35 扣上合成皮背帶，作品完成。

澎澎後背包

澎澎的立體造型，
搭配清爽的藍色條紋布與白色皮片，
整個包包更顯活潑輕盈～
就哼著歌，踏著輕快的步伐，
背著澎澎後背包，快樂地出發吧！

兩處拉鍊的大開口設計，讓包包的收納能力大大
提升，拿取物品也更輕鬆容易，實用度 UP！

完成尺寸 ⇨
寬 24cm× 高 30cm× 底寬 5cm

用布量

條紋表布：寬 2.2× 長 1.8 尺、米白色表布：寬 0.4×1.8 尺、
米白素裡布：寬 2.5× 長 2.5 尺、
厚布襯：寬 4× 長 2.5 尺。

裁布

部位名稱	尺寸	數量
條紋表布		
拉鍊前片	紙型（實際尺寸）	2 片（燙厚布襯）
外底	寬 7× 長 50.5cm（含縫份）	1 片（燙厚布襯）
袋身後片	紙型（實際尺寸）	1 片（燙厚布襯）
小提把	寬 4× 長 17cm（含縫份）	1 條
前片拉鍊下緣布	寬 3× 長 8cm（含縫份）	4 片
米白色表布		
上緣拉鍊布	寬 4× 長 48cm（含縫份）	2 條（燙厚布襯）
拉鍊耳布	紙型（實際尺寸）	8 片（4 片燙厚布襯）
米白素裡布		
拉鍊前片裡布	紙型（實際尺寸）	2 片（燙厚布襯）
口袋內裡	紙型（實際尺寸）	1 片
袋身前後片內裡	紙型（實際尺寸）	2 片（燙厚布襯）
上緣拉鍊布內裡	寬 6× 長 52cm（多的縫份包邊用）	2 條（燙厚布襯）
內底	寬 11× 長 54.5cm（四周多的縫份包邊用）	1 片（燙厚布襯）

其它配件

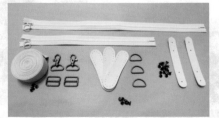

45cm 拉鍊 ×1 條、30cm 拉鍊 ×1 條、合成皮 +D 環 ×3 組、
8mm 撞釘 ×11 組、12mm 撞釘 ×2 組、2.5cm 掛鉤 ×2 個、2.5cm
日型調整環 ×2 個、2.5cm 織帶約 157cm×1 條、合成皮片（寬
2× 長 13cm）×2 片、2cm 織帶 17cm×1 條。

製作前面拉鍊上下緣、耳布

01 取前片拉鍊下緣布共 4 片，分別車在 30cm 拉鍊的頭尾兩端。

完成翻正面 →

02 取拉鍊耳布，共 8 片。兩兩一組（一片有襯、一片無襯），正面相對，車弧度部分，再翻正壓線。

拉鍊前片表裡車合

03 取拉鍊前片條紋表布、米白裡布，各兩片，燙襯備用。

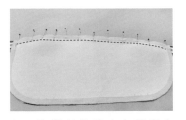

04 取前片條紋表布與米白裡布，夾車拉鍊。

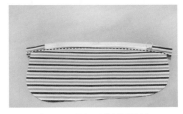

05 翻回正面，沿邊壓線。

06 同作法完成另一側，並於拉鍊兩端車上耳布。依紙型記號車出四個摺子。

形成拉鍊前片口袋

07 取口袋內裡（不需燙襯）、袋身前片內裡，背面相對。

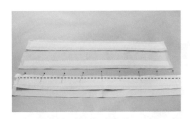

08 將其用強力夾與步驟 6 固定好，並疏縫一圈。

製作袋口拉鍊布

09 取上緣拉鍊表布、裡布（左右多 3cm 的縫份）各 2 片。

10 取拉鍊表裡布，夾車 45cm 拉鍊。

11 翻回正面壓線，同作法完成拉鍊的另一側。

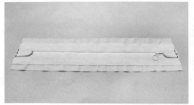

12 將拉鍊小耳固定於表布的兩端。

13 各取外底、內底各一片,內底四周多 3cm 縫份。

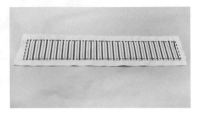

14 將其背面相對,疏縫周圍一圈。

製作袋身拉鍊側邊條

15 取步驟 12 與 14。

16 將其正面相對,車縫左右兩端。

17 ※ 注意:底裡布的縫份較大,是要用來包邊的。

組合前袋身與側邊條

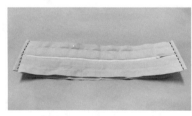

18 左右兩端縫份包好的樣貌(作法很多種,可視個人習慣製作)。

19 取步驟 18 的側邊條與步驟 8 的拉鍊前片,正面相對進行車縫組合。

20 再將多餘的縫份包邊處理。

製作後袋身

21 取後片表布,先縫上合成皮片＋D 環,再敲上撞釘,需完成 3 組。

22 將後片表裡布,背面相對,進行疏縫。

23 取織帶（2×17 cm）與表布（4×17cm）備用。

24 將表布兩側縫份往內折，覆蓋在織帶上車縫固定。

25 布條固定在袋身上方，多的剪掉。

組合後袋身與側邊條

26 將後袋身（打開拉鍊）再與側邊縫合起來，多餘的縫份包邊。

27 車好翻回正面整理袋型。

安裝五金與背帶

28 前片打洞，裝上 2 片合成片。

29 織帶套上日型調整環，再套入掛鉤。

30 將織帶穿回日型環。

31 最後將織帶內折，再打洞裝上撞釘固定。

32 背帶扣上包包，作品完成！

喵喵蝴蝶結

優雅提包

簡單的版型，搭配簡潔俐落的一字口金，
平凡卻顯高雅，低調卻不失光彩。
氣質滿點的手作小品，趕快動手試試看喔！

完成尺寸 ⇨
寬 26cm× 高 25cm× 底寬 5cm

用布量

圖案布：寬 3.2× 長 1 尺、黑色布：寬 1.4× 長 1 尺、
花紋裡布：寬 3× 長 1 尺、厚布襯：寬 4.5× 長 2 尺。

裁 布

部位名稱	尺寸	數量
圖案布		
前後袋身片	紙型（實際尺寸）	2 片（燙厚布襯）
袋蓋	紙型（實際尺寸）	2 片（1 片燙厚布襯）
口袋	紙型（實際尺寸）	1 片（燙厚布襯）
黑色布		
側邊布	紙型（實際尺寸）	2 片（燙厚布襯）
外底	寬 5× 長 26cm（實際尺寸）	1 片（燙厚布襯）
口袋內裡	紙型（實際尺寸）	1 片（燙厚布襯）
磁釦布	紙型（實際尺寸）	2 片（1 片燙厚布襯）
束帶（有實版紙型）	寬 3.2× 長 9cm（含縫份）	1 條
花紋裡布		
前後袋身片	紙型（實際尺寸）	2 片（燙厚布襯）
側邊布	紙型（另需將縫份增至 3cm，包邊用）	2 片（燙厚布襯）
內底	寬 5× 長 26cm（實際尺寸）	1 片（燙厚布襯）

其它配件

19cm 一字口金 ×1 組、4cm(總長)×4cm(總高) 金屬夾五金 ×2 個、
2cm 織帶 135cm×1 條、2cm 鉤扣 ×2 個、2cm 日型調整環 ×1 個、
手縫磁扣 ×1 組、2cm 針扣 ×1 組、6mm 撞釘 ×3 組、8mm 雞眼
×1 組。

製作前口袋與袋身片

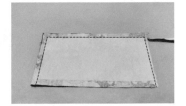

01 取口袋布前後片，正面相對車縫三邊，僅留 0.5cm 縫份，其餘剪掉，再翻回正面。

02 三邊壓上裝飾線，並依紙型記號燙出折線。

03 車縫固定在前表布下方記號位置上。

04 表布前後片與外底車
縫，裡布前後片也跟內
底車好備用。

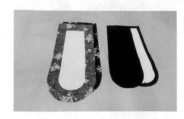

05 取側邊布的表、裡布燙
襯備用。

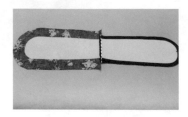

06 側邊布的表、裡布正面
相對，先車縫上緣處。

製作小蓋袋

07 翻回正面，U型的弧度先
疏縫固定。

08 表布下方弧度疏縫一段，
再拉出皺褶備用。

09 袋蓋前後片正面相對。用
珠針固定好車縫，縫份留
0.5cm，其餘修剪。

10 轉角處剪牙口。

11 翻回正面壓 0.2 ～ 0.3cm
的線，上方的縫份折入
整理好。

12 將袋蓋車縫在口袋上方
固定。

組合與五金

13 如圖位置打上雞眼。

14 取步驟 4 的袋身表布與
裡布，正面相對，車縫
袋口的縫份。

15 再車袋緣往下 3cm 的側
邊至止縫點，完成後翻
回正面。

16 將準備好的側邊布與袋身的左右邊車縫組合，再用多餘的布包車縫份。

17 取一字口金，作出記號點，並剪出洞口。

18 安裝一字口金。

製作布磁釦 （亦可購買現成的合成皮磁釦）

19 安裝側邊金屬夾五金。

20 準備所需用布，燙上布襯備用（磁釦布）。

21 前後片黑色表布正面相對，沿著布襯車，僅留0.5cm縫份，其餘修剪掉，轉角處需剪牙口。

束帶

22 取束帶（用黑色布，寬3.2×長9cm，折車成寬0.8×長9cm），繞圈打洞備用。

23 磁釦布套上針扣，敲上洞。

24 將束帶繞上，在後方敲上撞釘。

25 完成後的樣貌。（正面因為束帶的關係看不到撞釘）

26 在口袋相對應位置縫上一對磁釦。

27 織帶套上鉤扣與調整環，敲上撞釘，扣上包包，作品完成。

元氣滿滿

彩色條紋包

充滿活力的亮麗配色與新潮的袋型，
吸睛百分百，更是文青必備單品！

兩側不同口袋的設計，兼具實用性與時尚感。

雙頭拉鍊的安排，讓拿取物品更加便利！

完成尺寸 ⇨
寬 16cm× 高 30cm× 底寬 10cm

Materials 紙型 B 面

用布量

橘色條紋布：寬 0.7× 長 2 尺、橘色素表布：寬 1.5× 長 2 尺、
黃色素表布：寬 1× 長 1.2 尺、綠色素表布：寬 0.5× 長 1.3 尺、
淺黃色格子裡布：寬 3× 長 3 尺、厚布襯：寬 3× 長 3 尺。

裁 布

部位名稱	尺寸	數量
橘色條紋布		
前拉鍊口袋	紙型（實際尺寸）	1 片（燙厚布襯）
橘色素表布		
前上片	紙型（實際尺寸）	1 片（燙厚布襯）
後袋身	紙型（實際尺寸）	1 片（燙厚布襯）
筆插表布	寬 10× 長 32cm（含縫份）	1 片（半邊燙厚布襯）
黃色素表布		
側邊布	紙型（實際尺寸）	1 片（燙厚布襯）
側口袋	紙型（實際尺寸）	1 片（燙厚布襯）
側袋蓋	紙型（實際尺寸）	1 片（燙厚布襯）
綠色素表布		
側邊布	紙型（實際尺寸）	1 片（燙厚布襯）
淺黃色格子裡布		
前拉鍊口袋	紙型（實際尺寸）	1 片（燙厚布襯）
前上片	紙型（實際尺寸）	1 片（燙厚布襯）
後袋身	紙型 (另需將縫份增至 3cm，包邊用)	1 片（燙厚布襯）
側邊布	紙型（實際尺寸）	2 片（燙厚布襯）
側口袋	紙型（實際尺寸）	1 片
側袋蓋	紙型（實際尺寸）	1 片
包塑膠板布	寬 34× 長 32cm （含縫份）	1 片

其它配件

56cm 雙頭米色拉鍊 ×1 條、2.5cm D 環 ×3 個、2.5cm 的掛鉤 ×2 個、2.5cm 調整環 ×1 個、12mm 撞釘 ×2 組、魔術氈帶 28cm×2 組、轉鎖 ×1 組、黑色塑膠板 29.5×15.5cm×1 片、2.5cm 米色織帶長 7cm×3 條、2.5cm 米色織帶 157cm。

製作前袋身

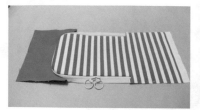

01 取前拉鍊口袋與前上片，依紙型位置，車縫上 56cm 長的雙頭拉鍊。

02 在圓弧處剪牙口。

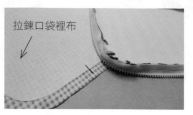

03 取拉鍊口袋裡布，依記號點夾車拉鍊。

拉鍊口袋裡布

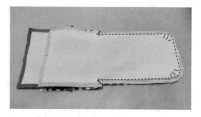

04 並於轉角處剪牙口。

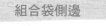

05 翻回正面，並沿著拉鍊周圍壓 02～0.3cm 的線。

組合袋側邊

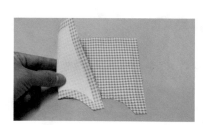

06 取前上片裡布夾車，縫在拉鍊上。

07 翻回正面，並沿著拉鍊壓 0.2～0.3cm 的線。

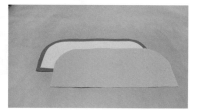

08 取側邊表布黃綠 2 色。

09 組合於前袋身的左右兩側。

10 取側邊裡布 2 片，並於轉彎處用疏縫線拉皺（本步驟可視個人需求）。

66

11　夾車側邊表布,轉彎處剪牙口,同作法完成另一側。

12　完成後的樣子。

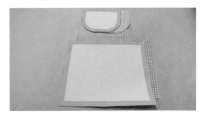

13　取口袋表裡布備用。

14　將口袋表布與裡布的袋角車縫起來,剪下多餘的布。正面相對固定好,再沿著布襯車縫 U 型,並翻回正面備用。

15　取袋蓋表布跟裡布,正面相對,沿著布襯車縫 U 型,留 0.5cm 縫份,其餘剪掉。

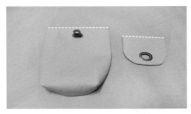

16　在口袋上安裝轉鎖後,縫合上緣。袋蓋也用剪刀剪小圓洞,裝上五金,縫合上緣。

17　直接車縫口袋與袋蓋,將其固定在綠色側邊布上。

18　取筆插表布燙上一半的布襯(寬 8× 長 15cm)。

19　正面相對車 U 型並留返口,翻回正面壓線。

20　將完成之筆插布片,直接車縫固定在黃色側邊布上,並壓出筆插的中間線。

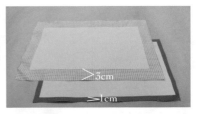

21　取後袋身表、裡布備用(後袋身表布縫份是 1cm,而後袋身裡布縫份為 3cm 是用來包邊的)。

22 後袋身裡布先車縫上魔術氈帶（毛面：長28cm×2條）。再跟後袋身表布背面相對疏縫固定。

23 取寬2.5cm米色織帶長7cm共3條，分別套上D環，再將其車縫至後袋緣周圍三邊。

24 取步驟22的後袋身，與整個前袋車合。

25 用3cm的縫份進行包邊。

26 翻回正面整理袋型。

27 取包塑膠板布車成袋狀，放入黑色塑膠板並收口。

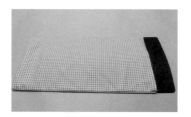

28 再車上魔術氈帶（刺面：28cm×2條）。

29 放入包內讓包包更挺。

30 取織帶長約157cm，套上調整環、掛鉤，並以12mm的撞釘固定好，作品即完成。

英文塗鴉

炫彩圓桶包

清爽無負擔的極簡設計，
搭配上純白色的皮提把，
展現出俐落簡約之美，
造型可愛的提包，
很適合散步時日常使用喔！

完成尺寸 ⇨
寬 29cm× 高 15cm× 底寬 15cm

亮麗的字母塗鴉布，散發著熱情與活力；
而圓圓的側身，更是有種無法言喻的可愛感～

用布量

英文彩色表布：寬 1.1× 長 1.7 尺、淺藍色表布：寬 3.3× 長 2.6 尺、
米白色素裡布：寬 1.1× 長 1.8 尺、厚布襯：寬 4.3× 長 2.2 尺。

裁布

部位名稱	尺寸	數量
英文彩色表布		
外層袋身	紙型（實際尺寸）	1 片（燙厚布襯）
拉鍊耳布	紙型（實際尺寸）	4 片（燙厚布襯）
淺藍色表布		
外層袋身	紙型（實際尺寸）	1 片（燙厚布襯）
內層袋身	紙型（實際尺寸）	1 片（燙厚布襯）
側身圓	紙型（實際尺寸）	2 片（燙厚布襯）
米白色素裡布		
內層袋身	紙型（實際尺寸）	1 片
側身圓	紙型（實際尺寸）	2 片（燙厚布襯）

其它配件

圓型塑膠片（直徑 15cm×2 片）、12mm 撞釘磁釦 ×2 組、拉鍊
29cm×1 條、米色合成皮 80cm×2 條、4cm 雞眼 ×4 組。

How To Make

製作袋身

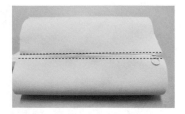

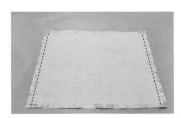

01 取淺藍色表布內層袋身、米白色內層袋身裡布，夾車 29cm 的拉鍊。

02 同作法，完成另一端，並於正面壓線固定。

03 取英文彩色外層袋身、淺藍色外層袋身，正面相對，車縫左右兩側固定。

04　翻回正面，左右兩側壓
　　0.2～0.3cm 的線。打洞
　　並敲上磁釦 (公)。

05　將步驟 2 與 4 先用彈力
　　夾固定，並疏縫左右兩
　　側。

製作袋側邊

06　車縫製作拉鍊旁的 2 個
　　小耳，翻正備用。

07　將小耳先疏縫固定在拉鍊
　　上，再跟淺藍色表布側身
　　圓對齊車合。

08　完成後的樣貌。

09　取米白裡布側身圓，包上
　　黑色塑膠板。

10　並用藏針縫跟袋身側邊
　　組合。同法完成另一側。

11　翻回正面整理袋型。

組合提把

12　剪出雞眼位置，並安裝
　　雞眼。

13　淺藍色袋身打洞，裝上
　　磁釦 (母)。

14　提把穿過雞眼扣，並固
　　定好提把五金。

15　作品完成。

立體三層包

深具巧思的包體設計，
外型高雅獨特，三層設計更添立體感，
就像是個氣質出眾的都會名媛，
散發著無可言喻的迷人魅力，
帶著它出席正式場合也很 OK！

完成尺寸 ⇨
寬約 24.7cm× 高 22cm× 底寬 8cm

用布量
千鳥格表布：寬 1.5× 長 1 尺、咖啡色表布：寬 3.3× 長 4 尺、
咖啡色裡布：寬 1.1× 長 2 尺、厚布襯：寬 4× 長 4 尺。

裁布

部位名稱	尺寸	數量
千鳥格表布		
前後裝飾片	紙型（實際尺寸）	4 片（燙厚布襯）
咖啡色表布		
袋身前後片	紙型（實際尺寸）	2 片（燙厚布襯）
有蓋袋身	紙型（實際尺寸）	2 片（燙厚布襯）
中間內袋	紙型（實際尺寸）	4 片（燙厚布襯）
外底	紙型（實際尺寸）	1 片（燙厚布襯）
內底	紙型（實際尺寸）	1 片（燙厚布襯）
咖啡色裡布		
有蓋袋身裡布	紙型（實際尺寸）	2 片（燙厚布襯）
中間內袋裡布	紙型（實際尺寸）	2 片（燙厚布襯）

其它配件
1.5cm 手縫磁釦 ×3 組、49cm 金屬鍊＋合成皮 ×1 條、4cm（總長）
×4cm（總高）金屬夾五金 ×2 個、8×24.5cm 長橢圓底用塑膠板
×1 片。（工具：尖嘴鉗 ×2 支、螺絲起子 ×1 支）

準備布片

車縫袋身前後裝飾片

01　準備中間內袋布片（咖啡表布 4 片、咖啡裡布 2 片）共 6 片，燙襯備用。

02　準備有蓋袋身（咖啡表布 2 片、咖啡裡布 2 片）共 4 片，燙襯備用。

03　依照紙型剪下前後裝飾片。

73

製作前袋、後袋

04 將千鳥格裝飾片，貼縫於前後袋身的咖啡表布上，整燙後壓 0.3cm 的線。

05 取有蓋袋身與中間內袋，正面相對。

06 依紙型車縫三邊固定，同作法完成另一份。

07 取步驟 4 與 6 所完成之布片對齊好（如圖），車縫外圍縫份。※ 注意：一定要將中間內袋三邊往內側折好，不可車到。

08 車好翻回正面整理，同作法完成另一側袋身。

組合前、後袋

09 將完成的兩個袋身，正面相對。

10 用珠針固定好前後片內袋的左右兩側，並車縫起來。※ 注意：一定要將中間袋蓋的前片兩邊往內側折好，不可車到。

完成中間內袋

11 取剩下的中間內袋 2 片，正面相對。

12 用珠針別好左右兩側，並車縫固定。

13 套入步驟 10 的內袋上緣。

14 用珠針別好，並車縫袋緣一圈。

15　將內袋往下拉齊。

16　取外底先跟內袋正面相對組合車縫。

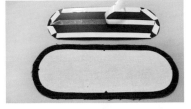

17　取內底與塑膠片先黏合。

18　再將外圍縫份，貼上雙面膠，將縫份折好黏貼固定。

19　最後再車縫一圈。（內底作法很多種，可視個人喜好製作）

20　用藏針縫縫合裡布的底。

製作前後裡袋與組合

21　翻回正面整理袋型。

22　取有蓋袋身裡布與中間內袋裡布，正面相對。

75

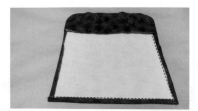

23　沿著布襯車縫三邊，將縫份攤開折燙好，需完成 2 份。

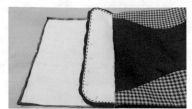

24　取有蓋袋身裡布與表布，用珠針固定好圓弧處，並依圖示車縫。

25　袋蓋處翻回正面，讓內袋裡布塞進前片袋身裡。

26　翻回時，用彈力夾或珠針固定好袋口。

27　再用藏針縫縫好袋口。

28　袋口處車縫 0.5cm 壓線。

安裝五金配件

29　手縫磁釦共完成 3 組。（中間跟兩邊外側）

30　準備好提把與五金工具。

31　安裝五金，固定提把。

32　作品完成。

極簡主義

三層式扁包

質樸的棉麻風格,
散發著淡淡的文青氣息;多層的設計,
使用收納更有條不紊。

扁型的袋物,有三個隔層空間,
用來收納文件或平板電腦,都很適合。

完成尺寸 ⇨
寬 29cm × 高 25cm × 底寬 4cm

用布量

圖案表布：寬 2.1× 長 1 尺、橘色表布：寬 0.3× 長 2.2 尺、米白色表布：寬 2.5× 長 2.2 尺、米白素裡布：寬 3.2× 長 2 尺、厚布襯：寬 5× 長 2.2 尺。

裁 布

部位名稱	尺寸	數量
圖案表布		
袋身前後片	紙型（實際尺寸）	2 片（燙厚布襯）
橘色表布		
外側邊布	紙型（實際尺寸）	1 片紙型（燙厚布襯）
米白色表布		
袋身內側前後片	紙型（實際尺寸）	2 片（燙厚布襯）
內側側邊布	紙型（實際尺寸）	1 片（燙厚布襯）
米白素裡布		
袋身內側裡布	紙型（實際尺寸）	4 片（燙厚布襯）

其它配件

30cm 拉鍊 ×2 條、45cm 織帶 + 合成皮提帶 ×2 條、8mm 撞釘 ×8 組、12mm 撞式磁釦 ×1 組（手縫磁釦亦可）。

How To Make

製作袋身側邊條

01 　取橘色表布側邊條、米白色表布內側側邊條，正面相對，頭尾兩側先車縫起來。

02 　翻回正面整燙，頭尾壓線，疏縫上下兩側。

製作組合前袋身

03 　取圖案前片表布、袋身內側前片，夾車步驟 2 的側邊布。

組合上後袋身

04 翻回正面整理袋型。

05 再取圖案後片表布、袋身內側後片,夾車步驟 3 的側邊布,再翻回正面整理。

06 初步完成外袋。

製作袋身內裡

07 取袋身內側裡布 2 片,車縫於 30cm 拉鍊兩側;並將此 2 片裡布,正面相對,車縫周圍縫份。同作法再製作另一份。

表裡袋組合

08 將車好的裡布,套入表袋身中。

09 袋口處使用藏針縫,縫好表袋的袋緣。

安裝五金與提把

10 在中間夾層的中央對應位置安裝 12mm 撞式磁釦。

11 敲上提把的撞釘(一邊 2 組,共 8 組)。

12 作品完成。

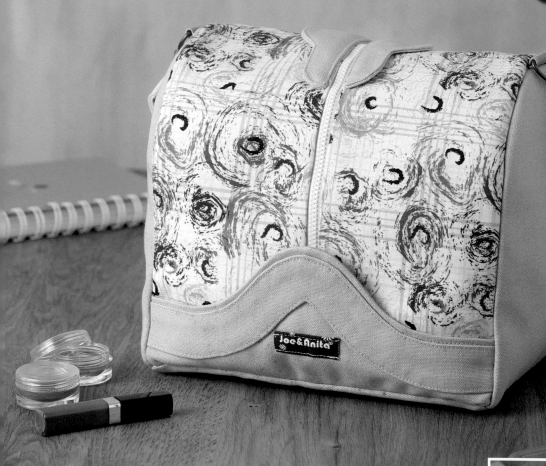

小波士頓包

換個拉鍊方向的設計，
轉換個造型與心情～
深具巧思的拉鍊安排，
充分展現手作包迷人的魅力，
「與眾不同」就是這麼簡單！

完成尺寸 ⇨
寬 22cm× 高 20cm× 底寬 15cm

創意的拉鍊安排與波浪造型的裝飾，
賦予波士頓包另一種活潑可愛的靈魂。

用布量

圖案帆布：寬 1× 長 1.6 尺、粉紅色帆布：寬 2.8× 長 1.1 尺、
桃紅色裡布：寬 1.6× 長 0.4 尺、米色裡布：寬 2.2× 長 1.7 尺、
厚布襯：寬 5× 長 2 尺。

裁布

部位名稱	尺寸	數量
圖案帆布		
拉鍊上片	寬 10.5× 長 42cm（實際尺寸）	2 片（燙厚布襯）
粉紅色帆布		
側邊布	紙型（實際尺寸）	2 片（燙厚布襯）
前片大造型布	紙型（實際尺寸）	2 片（燙厚布襯）
前片小造型布	紙型（實際尺寸）	2 片（燙厚布襯）
拉鍊上緣布裝飾片	紙型（實際尺寸）	4 片（2 片燙厚布襯）
外底	寬 15× 長 22cm（實際尺寸）	1 片（燙厚布襯）
桃紅色裡布		
前片大造型布	紙型（實際尺寸）	2 片（燙厚布襯）
D 環布	寬 6× 長 8cm（含縫份）	1 條
米色裡布		
拉鍊上片	寬 10.5× 長 42cm（實際尺寸）	2 片（燙厚布襯）
側邊布	紙型（實際尺寸）	2 片（燙厚布襯）
內底	寬 15× 長 22cm（實際尺寸）	1 片（燙厚布襯）
斜布條	寬 4× 長 55cm（含縫份）	2 條

其它配件

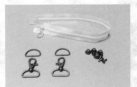

36cm 拉鍊 ×1 條、2.5cm 鉤扣 ×2 個、2.5cm D 環 ×2 個、腳釘 ×4 組、2.5cm
合成皮 64cm×1 條、8mm 撞釘 ×2 組、14.5×21.5cm 塑膠板 ×1 片。

How To Make

製作造型布片

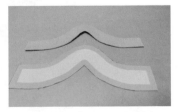

01　取粉色前片小造型布，
　　燙上厚布襯。

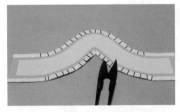

02　背面縫份貼上水溶性膠
　　帶，剪出牙口備用。

03　取粉紅色大造型表布與
　　桃紅色大造型裡布，各 2
　　片燙襯備用。

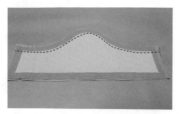

04 將表裡布正面相對，沿著布襯車弧度。

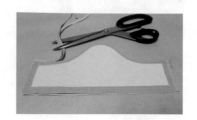

05 留 0.5cm 的縫份，其餘剪掉。

06 弧度處剪牙口。

07 翻回正面整燙。

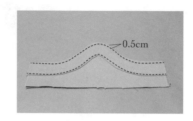

08 取步驟 2 的小造型布，離邊 0.5cm 貼縫壓線，形成立體感。同作法，完成 2 個。

車縫拉鍊與袋身

09 取拉鍊上片表裡布各 2 片，燙好襯備用。（表布、裡布的襯皆不含縫份）

10 將拉鍊上片表裡布夾車拉鍊。

11 同作法完成拉鍊另一側的夾車。再將拉鍊上片左右兩端的縫份車縫。

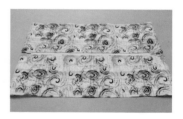

12 完成後，翻回正面整燙平整。

13 取步驟 8 的造型布，蓋在拉鍊布左右兩端。

14 按照紙型上的止縫點記號，車縫固定造型片。

製作側邊布

15 取 D 環布條 8×6cm(折車成寬 2× 長 6cm)，製作成 2 個 D 環布備用。

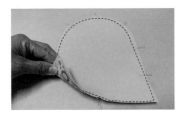

16　取側邊布，表裡布各 2
　　片，背面相對，外圍疏
　　縫一圈。

17　同時也將 D 環布車縫固
　　定於側表布上方中心。

18　組合袋身與側邊布。同
　　作法完成另一側。

包邊與製作袋底

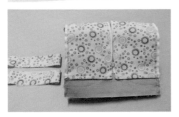

19　準備寬 4× 長 55cm 斜布
　　條 2 份。

20　包好左右兩側的縫份。

21　取外底，用彈力夾與袋
　　身暫固定，先疏縫一圈，
　　再車合固定。

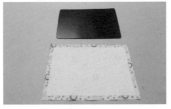

22　取內底布包上塑膠板
　　14.5×21.5cm。

23　用藏針縫縫合袋底。

24　底部裝上四個腳釘。

裝飾與製作提把

25　取拉鍊上緣布裝飾片 2
　　份，正面相對，車好翻
　　正壓線。依紙型位置，
　　車縫固定在袋身的正上
　　方。

26　取 64cm 長合成皮，套上
　　鉤扣並敲洞，打上 8mm
　　撞釘。

27　將提帶扣上包包，作品
　　完成。

潮流迷彩

輕旅單肩背包

中性又百搭的迷彩圖樣，
不但男孩女孩都適合，
大人小孩也都 OK ！
當隨身東西不多的時候，
很適合背著它來趟輕鬆小旅行～

調整背帶，後背或
單肩背都好看。

錐形背帶與袋身底摺子的設計，
讓斜背包更有型、更拉風～

完成尺寸 ⇨
寬 24cm× 高 30cm× 底寬 5cm

用布量

迷彩圖案表布：寬 2× 長 1.3 尺、深藍色表布：寬 2.3× 長 1.8 尺、
米白素裡布：寬 2.3× 長 2.3 尺、厚布襯：寬 2.3× 長 3.4 尺。

裁 布

部位名稱	尺寸	數量
迷彩圖案表布		
拉鍊前片表布	紙型（要開拉鍊口）（實際尺寸）	1 片（燙厚布襯）
拉鍊前片內裡布	紙型（實際尺寸）	1 片（燙厚布襯）
拉鍊耳	紙型（實際尺寸）	4 片（燙厚布襯）
針釦環布	寬 8× 長 9cm（含縫份）	1 片（燙厚布襯）
束帶布	寬 4× 長 9.5cm（含縫份）	1 片
深藍色表布		
袋身前後片	紙型（實際尺寸）	2 片（燙厚布襯）
拉鍊側邊條	寬 4× 長 48cm（含縫份）	2 條（燙厚布襯）
側邊條底	寬 7× 長 50.5cm（含縫份）	1 條（燙厚布襯）
錐形背帶布	紙型（實際尺寸）	2 條（燙厚布襯）
米白素裡布		
拉鍊內裡布	紙型（1 片要開拉鍊口）（實際尺寸）	2 片（不燙厚布襯）
袋身前後裡布	紙型（實際尺寸）	2 片（燙厚布襯）
拉鍊側邊條裡布	寬 8× 長 48cm（多的縫份包邊用）	2 條（燙厚布襯）
側邊條底	寬 11× 長 50.5cm（多的縫份包邊用）	1 條（燙厚布襯）

其它配件

45cm 拉鍊 ×1 條、20cm 拉鍊 ×1 條、合成皮 +D 環 ×2 組、3cmD 環 ×1 個、3cm 針釦環 ×1 個、8mm 撞釘 ×7 組、8mm 雞眼 ×5 組、2.5cm 掛鉤 ×2 個、2.5cm 日型調整環 ×1 個、2.5cm 織帶約 157cm×1 條。

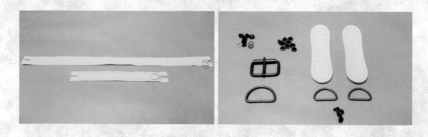

製作拉鍊與拉鍊前片（表）

01 取迷彩拉鍊前片表布、裡布，燙襯備用。

02 取其中一片，畫上拉鍊記號，剪開洞。

03 用珠針將折入的縫份固定好。

04 將 20cm 拉鍊擺放在下方，正面車縫固定。

05 取米白色拉鍊內裡布 1 片（不需燙襯），剪出洞，並折好拉鍊孔縫份。

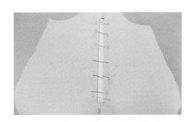

06 將其覆蓋在拉鍊背面上，並用藏針縫固定好。

製作拉鍊前片（裡）與組合表裡

07 周圍先疏縫一圈。

08 取迷彩拉鍊前片內裡布與米白拉鍊內裡布，完成另一組的疏縫（此組無需車拉鍊）。

09 車縫袋底角，共 4 處。

10 將完成的兩片拉鍊前片表裡，正面相對，車縫上半部的縫份。

11 翻回正面，用強力夾固定住下半部周圍。

12 疏縫一圈固定。

13　取深藍色袋身前片、米色袋身前裡布，背面相對，疏縫周圍一圈。

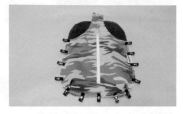

14　取迷彩拉鍊布與上步驟的深藍色袋身，用彈力夾固定周圍，並疏縫。

製作拉鍊側邊條

15　取拉鍊側邊條表布，夾車 45cm 的拉鍊與裡布（左右有多3cm縫份）。

製作拉鍊耳、完成袋身側邊條

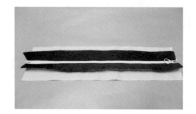

16　同法完成另一側拉鍊的夾車。

17　取拉鍊小耳，車好翻回正面壓線 0.5cm，完成 2 個備用。

18　取拉鍊側邊條與側邊條底的裡布（左右有多3cm 縫份），將裡布的左右兩側車合起來。

19　車縫好後的樣貌。

20　拉鍊小耳先固定在深藍色拉鍊表布兩端上。

21　再將小耳夾車於深藍色側邊條底與深藍色拉鍊表布間。

組合前袋身與側邊條

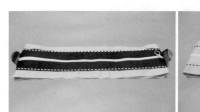

（背面）

22　完成拉鍊側邊條與側邊條底的接合，並疏縫深藍色拉鍊表布的上、下邊。

23　組合側邊條與步驟 14 所完成的前袋身。

24　組合完成後，正面的樣貌。

25　翻至背面，用多餘的縫份進行包邊，先用強力夾暫固定。

26　再沿邊車縫一圈。

製作後袋身

27　取深藍色袋身後片，縫上合成皮+D環共2組。

28　並於背面疏縫上米色裡布（兩片背面相對）。

29　完成後，再敲上8mm撞釘，共2組。

製作錐形背帶

30　取2片燙襯的錐形背帶布，正面相對，用珠針固定好，沿著布襯車縫，底部為返口。

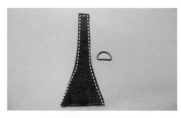

31　車好後翻回正面整燙，並且壓0.2～0.3cm的線。

32　取針釦環布（8×9cm），燙上厚布襯（6×7cm）。

33　車成長條狀，翻回正面壓線，並在中心打出孔洞。

34　置入3cm針釦環。

35　將錐形背帶布，固定在袋身後片上方中心位置。

36 袋身後片再與側邊布對齊車合。

37 多餘的縫份用來包邊。

38 翻回正面。

製作束帶與安裝五金、背帶

39 取束帶布（4×9.5cm）車成長條，成為束帶。

40 錐形背帶套入 D 環，敲上撞釘固定。

41 前片上方裝上針釦環布（1 組撞釘）和束帶布（2 組撞釘）。

42 正面看起來束帶布會擋住 2 組撞釘。

43 錐形背帶打洞，敲上 5 組雞眼。

44 製作可調式背帶。

45 扣上背帶，作品完成。

PART
03
可拆式子母包

可拆式的設計，組合時收納方便，分開時使用輕便，
所需容量自行調整，當成親子包或姊妹包也適宜。

海洋物語

多功能兩用包

新清淡雅的海洋風格，
經典雋永、永不退流行，
背著它漫步在海邊的沙灘，
迎著海風，多麼愜意。
將包款創造出不一樣的海洋風貌；
無論怎麼背都很有型！

可拆下前口袋，扣上背帶，當成外出小包使用。

小包完成尺寸 ⇨
寬 23cm× 高 15cm× 底寬 3cm

換成後背包的使用模式，也是超實用又大方。

大包完成尺寸 ⇨
寬 23cm× 高 30cm× 底寬 11.5cm

用布量

圖案表布：寬 1.3× 長 1.4 尺、米白素表布：寬 2.2× 長 1.6 尺、
裡布：寬 2.7× 長 1.7 尺、厚布襯：寬 4.5× 長 3 尺。

裁布

部位名稱	尺寸	數量
圖案表布		
大袋身前片上緣	紙型（實際尺寸）	1 片（燙厚布襯）
大袋身前下片	紙型（實際尺寸）	1 片（燙厚布襯）
大袋蓋表布	紙型（實際尺寸）	1 片（燙厚布襯）
D 環布	寬 9.2× 長 30cm（含縫份）	1 條（剪成 5 份）
小袋身前片	紙型（實際尺寸）	1 片（燙厚布襯）
小袋蓋	紙型（實際尺寸）	2 片（燙厚布襯）
米白素表布		
大袋身後片	紙型（實際尺寸）	1 片（燙厚布襯）
袋蓋裡布	紙型（實際尺寸）	1 片（燙厚布襯）
外底	紙型（實際尺寸）	1 片（燙厚布襯）
小袋側邊條	寬 5× 長 46cm（含縫份）	1 片（燙厚布襯）
小袋身後片	紙型（實際尺寸）	1 片（燙厚布襯）
裡布		
袋身前後片	紙型（實際尺寸）	2 片（燙厚布襯）
小袋前後片	紙型（實際尺寸）	2 片（燙厚布襯）
小袋側邊條裡布	寬 5× 長 46cm（含縫份）	1 片（燙厚布襯）
內底	紙型（實際尺寸）	1 片（燙厚布襯）

其它配件

17.5cm 夾克拉鍊 ×1 條（可用現有尺寸裁剪）、2.5cm 米
色織帶 83cm×2 條、2.5cm D 環 ×5 個、2cm D 環 ×2 個、
2.5cm 調整環 ×2 個、2.5cm 掛鉤 ×4 個、書包插釦鎖 ×2 組、
12mm 四合釦 ×2 組、12mm 撞釘 ×4 組（織帶用車的就不
需要）、魔術氈約 30cm、半圓塑膠板 ×1 片。

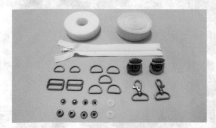

製作表袋

01 取一條拉鍊，裁剪成 17.5cm 長備用。

02 車縫拉鍊的一側於前片中心上方。

03 再車縫組合剪接布片。

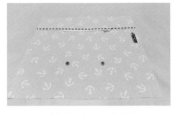

04 在剪接布上方壓 0.2～0.3mm 的線，並依紙型標示位置敲上四合扣（母）2 個。

05 取 9.2×30cm 布條，由兩側向中間折入再對折，車縫兩側製成長布條，裁切成 5 份，套上 2.5cm 的 D 環 5 個備用。

06 取後片表布與完成的前片表布正面相對，左右兩側車縫（於兩側邊下方往上 3cm 處夾車 2cm D 環織帶，完成後如步驟 17 圖袋底）。

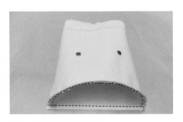

07 再車縫外底。

08 翻回正面，前片裝上書包釦配件。

製作裡袋

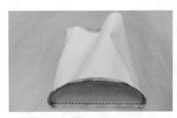

09 裡布內底先車上魔術氈（母）。

組合表、裡袋

10 取前後片裡布，正面相對，車縫左右兩側。

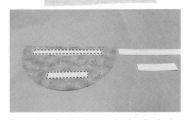

11 車縫上內底。

12 將完成的內裡套入表袋（背面相對），把袋口縫份往內折用彈力夾固定，用藏針縫縫合一圈。

13　取袋蓋表裡布正面相對，沿著縫份車圓弧處（上方不車）。

14　翻回正面，把上方的縫份往內折，用彈力夾固定，正面壓 0.2 ～ 0.3cm 的線（僅圓弧部分）。

15　袋蓋圓弧中心處裝上書包插釦。

16　取步驟 5 的 D 環 3 組，如圖塞進表裡布之間，稍加固定。

17　再將袋蓋車縫固定於大袋身的後上方。

製作袋底

18　取袋底裡布，正面相對車圓弧處成袋狀，包入半圓底塑膠板。

製作小包

製作袋身

19　將半圓形底封口車縫，再車上魔術氈（刺面），完成後放入袋底黏合。

20　取小包表裡布、側邊條，燙襯備用。

21　小包前後片表布與側邊條車縫起來。

22　裡布也一樣組合起來（記得留返口）。

23　將另外半邊的夾克拉鍊，車縫在小袋表布後片上緣。

24　並且在後片依紙型標示位置敲上公釦。

25　裡布套進表布中（正面相對），用珠針固定好袋口縫份，車縫一圈。

26　翻回正面整燙，袋口壓線一圈，縫好返口。

27　取小袋蓋 2 片，正面相對，沿著布襯車圓弧處。

28　翻回正面，把縫份往內折用彈力夾固定，圓弧處由正面壓 0.2 ～ 0.3cm 的線。

29　將步驟 2 剩餘的 2.5cm D 環 2 個，如圖塞進表裡之間，稍作固定。

30　裝上書包插釦。

31　車縫組合小袋蓋跟小袋身。

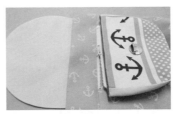

32　拉合小包與大包的拉鍊。

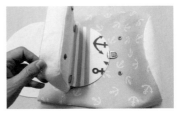

33　扣合大小包的四合釦。

34　織帶套上掛鉤與日型調整環，共製作兩條。將準備好的海洋風格裝飾小物，手縫固定於大包上蓋，完成製作。

美麗相遇

波浪子母肩背包

袋口的波浪設計，
為肩背包增添浪漫柔美氣息；
而小包的袋蓋巧妙地與大包完美結合，
更是個令人驚豔的設計巧思。
子包、母包無論單獨或組合使用，
都各自美麗，是功能性極高的包款！

組合時，小包可當立體
隔層口袋來使用。

大包完成尺寸 ➩
寬 40cm× 高 27cm× 底寬 13.5cm

小包完成尺寸 ➩
寬 17cm× 高 20cm× 底寬 4.5cm

Materials 紙型 C 面

用布量

桃紅格子布：寬 3.2× 長 2 尺、咖啡色布：寬 3.2× 長 2.5 尺、
米白色素布：寬 1× 長 2 尺、厚布襯：寬 5× 長 3 尺。

裁 布

部位名稱	尺寸	數量	備註
桃紅格子表布			
大袋身前後片	紙型（實際尺寸）	2 片（燙厚布襯）	
小袋身前後片	紙型（實際尺寸）	2 片（燙厚布襯）	
掛耳	紙型（實際尺寸）	4 片（2 片燙厚布襯）	
咖啡色裡布、配布			
大袋身前後片裡布	紙型（實際尺寸）	2 片（燙厚布襯）	
外底	紙型（實際尺寸）	1 片（燙厚布襯）	
內底	紙型（實際尺寸）	1 片（燙厚布襯）	
中間提帶	8×62cm（含縫份）	2 條	
側邊提帶	8×16cm（含縫份）	4 條	
小包側邊布	紙型(2 條拼接)（實際尺寸）	2 片（燙厚布襯）	（布料量足夠可以不用拼接）
米白素裡布			
小袋身前後片	紙型（實際尺寸）	2 片（燙厚布襯）	
小包側邊布	紙型 （1 整條）（需將上下方的縫份增至 3cm，包邊用）	1 片（燙厚布襯）	

其它配件

內徑長 3cm 橢圓型雞眼 ×8 個、內徑 3cm 圓型環 ×4 個、合成皮袋蓋（15cm×15cm）+ 磁釦 ×1 組、18mm 撞釘磁釦（母）×1 組（手縫磁釦亦可）、外徑 18mm 雞眼 ×2 組、購買市售斜背帶（約寬 1× 長 115cm）或自製 ×1 條、12mm 四合釦 ×2 組、13.2×23.2cm 橢圓底用塑膠板 ×1 片。

製作前後袋身（表）

01　取桃紅格子前後片表布，按照紙型位置剪開雞眼洞，並車好皺褶處。

02　完成前後片的雞眼五金安裝。

製作提把

03　取咖啡色配布，按尺寸裁出所需布條（中間提把2條；側邊提把4條），燙上襯後車縫，翻正整燙好。

04　先取兩個3cm圓環，將製作好的中間提把及側邊提把套入圓環車縫。

05　將製作好的提把左右兩端貫穿表袋身的雞眼洞，並於兩側疏縫固定。同作法完成另一片表袋身。

06　取表袋前後片正面相對，袋口處先以強力夾固定，車縫左右兩側至止縫點。

製作袋身前後（裡）

07　取咖啡色前後片裡布兩片，車出皺褶（不用打洞）。

08　將裡布前後片正面相對，左右兩側先以珠針固定，車縫兩側至止縫點。

組合袋身

09　將裡布套進表布（正面相對），先用珠針固定好包體上緣部分，車縫一圈。

10　翻回正面稍加整理。

11　在裡袋身中心位置安裝上磁釦母釦，並在袋口處壓線0.3cm固定。

12　再取外底與袋身車合。

13　內底包上塑膠片。（作法參考：P.75 都會名媛風 立體三層包）

14　使用藏針縫將內底與包體底部縫合。

（作法參考：P.75 都會名媛風 立體三層包）

製作小包

製作袋身前後片

15　翻回正面，大包車縫完成。

16　準備小包袋身表裡布，燙上厚布襯備用。

17　取小包桃紅格子表布、米色內裡布正面相對，於袋口上端先車縫一道。

製作側邊條、掛耳

 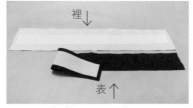 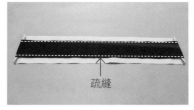

18　翻至正面並整燙折好，疏縫U型固定。同作法完成另一側袋身。

19　將側邊條兩片拼接起來（布料量足夠可以不用拼接），並取裡布側邊條備用。

20　將表裡側邊條正面相對、將短邊車合，翻回正面，再將上下長邊疏縫處理（此為有留3cm縫份的包邊作法）。

組合與包邊

完成之掛耳

21　製作兩個小掛耳。

22　再車縫於小袋身後片上方袋口兩側。

23　將側邊布分別與前後袋身車合。多餘的掛耳布修剪掉。

24 利用多餘的縫份進行包邊。

25 翻回正面，小包車縫完成。

26 掛耳打洞，並敲上雞眼。

27 前片縫上合成皮手縫磁釦。製作好袋蓋，並裝上磁釦（公）。

28 於後方袋口位置，縫上合成皮 15cm×15cm 袋蓋。

29 再於袋身後片打上洞，敲上四合釦的母釦 2 個。

組合大小包

30 可自行製作或購買約 115cm 的斜背帶，扣上小包，即可單獨使用斜背包。

31 大包前片中心位置手縫上磁釦，並敲上 18mm 撞釘磁釦（母）。

32 撞釘磁釦（母）在正面呈現的樣子。

33 大包後片裡面，在步驟 29 的對應位置敲上四合釦 2 個（公）。

34 扣合大包與小包的四合釦。

35 將袋蓋上的磁釦與大包磁釦扣合，即完成大小袋物的組合。

經典優雅
波士頓子母包

沉穩而優雅的波士頓包，
猶如陳年美酒般，
歷久不衰且愈陳愈香。
子母包的設計，
大小包相互輝映，
自然而不造作～

大包完成尺寸 ⇨
寬 30cm× 高 22cm× 底寬 15cm

搭配上皮製袋蓋與腰帶的小包，穿戴起
來更加出色、更具質感。

小包完成尺寸 ⇨
寬 15cm× 高 10cm× 底寬 3.5cm

用布量

（大包）動物圖案表布：寬 3.4× 長 1 尺、咖啡色表布：寬 0.6×
長 1.1 尺、米白素裡布：寬 4× 長 1.1 尺、厚布襯：寬 4×2 長 2.2 尺。
（小包）動物圖案表布：寬 1.5× 長 1 尺、水玉裡布：寬 1.5×
長 1 尺。

裁 布

部位名稱	尺寸	數量
動物圖案表布（大包）		
前後袋身片	紙型（實際尺寸）	2 片（燙厚布襯）
側邊表布	紙型（實際尺寸）	4 片（燙厚布襯）
拉鍊下緣布	寬 3× 長 13cm（含縫份）	4 片（燙厚布襯）
咖啡色表布		
外底	寬 17× 長 32cm（含縫份）	1 片（燙厚布襯）
米白素裡布		
前後袋身片	紙型（實際尺寸）	2 片（燙厚布襯）
側邊布	紙型（實際尺寸）	4 片（燙厚布襯）
內底	寬 17× 長 32cm（含縫份）	1 片（燙厚布襯）
動物圖案表布（小包）		
前後袋身片	紙型（實際尺寸）	1 片（燙厚布襯）
側邊布	紙型（實際尺寸）	2 片（燙厚布襯）
腰帶布	寬 8× 長 12cm（含縫份）	1 片（燙半邊襯）
水玉裡布		
前後袋身片	紙型（實際尺寸）	1 片（燙厚布襯）
側邊布	紙型（實際尺寸）	2 片（燙厚布襯）

其它配件

大包：60cm 雙拉頭卡其色拉鍊 ×1 條、合成提把高 21cm×1 組、8mm 撞釘 ×10 組、腳釘 ×4 組、
29×14.5cm 底用塑膠板 ×1 片。
小包：15cm×5cm 米色袋蓋 ×1 組、2cm 合成皮長 97cm×1 條、1cm 合成皮長 9cm×1 條、
腰帶針釦 ×1 組、8mm 撞釘 ×1 組。

製作袋身

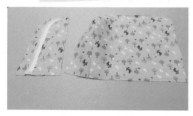

01 取動物圖案布的前後片與側邊布，燙襯備用。

02 將前片車上 2 片側邊布。

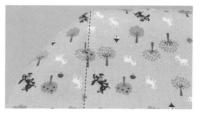

03 組合後縫份倒向前後片，正面壓 0.2 ～ 0.3cm 的線。

04 同作法完成後片與側邊布的車縫。

05 裡布的處理方式與表布相同。

組合拉鍊與五金

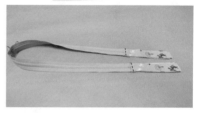

06 先車合拉鍊下緣布。

07 前片表布與裡布正面相對，中間夾車拉鍊，翻回正面。

08 後片的表布與裡布也夾車拉鍊，並剪掉多餘的拉鍊下緣布。

09 前後片都敲上提把的洞。

10 取外底與袋身車縫固定。

11 裝上腳釘。

製作表、裡袋身

12 底的裡布包上塑膠板，再用藏針縫縫合內底。

13 敲上合成皮提把，大包完成。

14 取小包所需表裡布片，燙襯備用。

15 取裡布水玉側邊布先按折線車好，再與袋身布車合。同作法完成另一側。

16 完成後裡袋呈現的樣子。

17 腰帶布車好，由返口翻回。

18 表布縫好皮製磁釦母釦。

19 車上腰帶布。

20 同步驟 15，完成表袋身。

組合表、裡袋

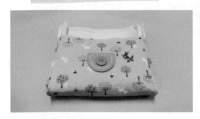

21 將裡袋套入表袋內（背面相對）。

22 袋口的表、裡布縫份，都向內折入整理好，車縫袋口一圈。

組合袋蓋與五金、皮件

23 取 15×15cm 的袋蓋，依紙型位置，車縫固定。

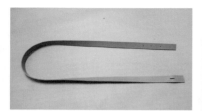  

24 取寬 2cm，長 97cm 的合成皮剪洞、敲洞。

25 安裝上腰帶針釦。

26 將 1×9cm 小束帶對折敲洞。

27 如圖示組裝好腰帶。

28 腰帶末端稍做修剪。

29 腰帶穿入小包的腰帶布。

30 小腰包完成。

31 小腰包袋蓋穿過大包前方皮飾條，即可組合至大波士頓包上，作品完成。

雙胞胎兩用包

一厚一薄的可分離式雙包設計，
增添了包包的趣味性與靈活度，
彎彎的袋型，就像一抹淺淺的微笑，
裝戴著每個美好的時刻。

協調的配色與輕柔活潑的設計，兩個包包單獨或
一起使用，都好輕便、好自然呢！

扁包完成尺寸 ⇨
寬約 38cm× 高 26cm

立體包完成尺寸 ⇨
寬約 38cm× 高 26cm× 底寬 8cm

用布量

粉嫩花朵帆布：寬 2.8× 長 0.8 尺、粉色帆布：寬 1 尺 × 長 1.8 尺、粉色條紋漸層帆布：寬 2.8× 長 0.8 尺、英文字裡布：寬 1.8× 長 2 尺、淡橘色裡布：寬 2.8× 長 0.8 尺、厚布襯：寬 5× 長 3 尺。

裁布

部位名稱	尺寸	數量
粉嫩花朵帆布		
立體袋前後片	紙型（實際尺寸）	2 片（燙厚布襯）
粉色帆布		
立體袋的底	紙型（實際尺寸）	1 片（燙厚布襯）
蝴蝶結	寬 15× 長 10cm（含縫份）	2 片
粉色條紋漸層帆布		
扁包前後片	紙型（實際尺寸）	2 片（燙布襯）
英文字裡布		
立體袋前後裡布	紙型（實際尺寸）	2 片（燙厚布襯）
立體袋的底	紙型（實際尺寸）	1 片（燙厚布襯）
口袋	大小視需求	
淡橘色裡布		
扁包前後裡布	紙型（實際尺寸）	2 片（燙厚布襯）

其它配件

30cm 拉鍊 ×2 條、9cm 合成皮片 ×4 片、2.5cm 掛鉤 ×4 個、2.5cm D 環 ×4 個、粉色緞帶（寬 1× 長 6cm）×2 條、12mm 四合釦 ×4 組、2.5cm 織帶約 110cm×2 條（供 2 個包用）、2.5cm 調整環 ×2 個、12mm 撞釘 ×4 組。

製作蝴蝶結口袋

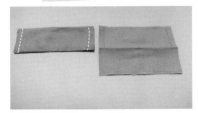
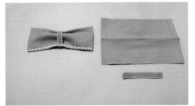

01 先取一片製作蝴蝶結布塊，正面對折，車縫左右兩邊。

02 翻回正面後，剪一小段約 1×6cm 的緞帶，繞過蝴蝶結布中心，底部車縫固定。同作法完成另一個蝴蝶結。

03 取粉嫩花朵前片布，在袋身畫上口袋位置，將蝴蝶結夾車於表布和口袋布之間，在口袋記號下緣處車縫固定。

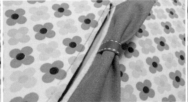
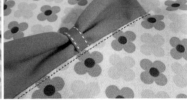

04 將口袋布由剪開的袋口翻到裡面，整理好後，在蝴蝶結底部壓上 0.2～0.3mm 的線。

05 口袋記號的另一側，車上口袋布。再將口袋布翻入，並整理好。

06 將翻入的口袋，於袋口處兩側邊，稍作車縫固定。

07 翻回正面，在蝴蝶結的左右兩側，壓線固定。

08 完成蝴蝶結口袋兩個。

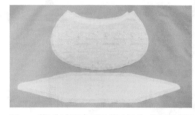

09 翻到背面，車合口袋布。最後，在背面燙上厚布襯。

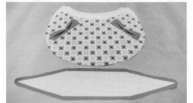

10 袋身後片與袋底燙上襯。

11 袋身裡布和袋底也燙襯備用。

12 前後片表布車縫於拉鍊兩側，拉鍊口縫份剪牙口。

13 再取裡布的前後片分別與表布的前後片，夾車拉鍊。

14 翻回正面，沿拉鍊邊先壓0.2～0.3cm 的線。

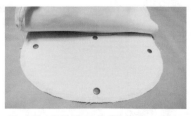

15 內裡的底部與前後片裡布先車合，有一邊需留返口，最後再車縫左右兩側。※ 注意：拉鍊要記得拉開。

返口

16 袋身表布中心打上母釦。

17 依紙型標示位置完成 4 個四合扣（母）後，背面樣貌。

18 外底跟前後表布車合。

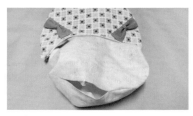

19　由返口翻正，縫合返口。

20　整理好外型，立體包完成。

製作扁包

立體包跟扁包的不同差在底部，一個有立體的底，另一個扁型包是沒底的喔～

21　取扁包粉色條紋表布前後片，車縫於拉鍊兩側。

22　橘色裡布前後片，再一次夾車拉鍊。※ 內裡口袋自行製作。

23　拉鍊處剪牙口。

24　表布、裡布各自正面相對，車合成袋型（裡袋要留返口；拉鍊要先打開）。

25　由裡布的返口翻回正面，整理袋身（此時先不縫合返口）。

26　將立體包與扁包對齊好，畫上公釦位置記號點，打上相對應的公釦 4 個後，再縫合返口。

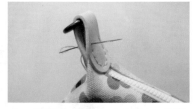

27　兩個包袋的左右兩側，都縫上 D 環的合成皮片。

28　完成手縫合成皮片 4 組。

29　織帶套上掛鈎、調整環，製作可調式肩側背帶 2 組。作品完成！

多功能三用包

精心設計的可調式提把，
讓包包可以肩背、後背隨意地轉換，
就像是森林裡奇幻的貓頭鷹，
總是給人帶來無比的驚喜！

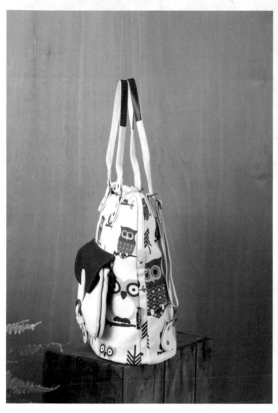

需要空出雙手的時候，只需要調整袋後身的織帶提把長度，就可以輕鬆成為雙肩後背包。單獨使用雙層小包時，收納也很方便。

大包完成尺寸 ⇨
寬約 23.5cm× 高 31cm× 底寬 13.5cm

小包完成尺寸 ⇨
寬約 21.2cm× 高 13.3cm

用布量

貓頭鷹表布：寬 2.2×1.2 尺、咖啡色表布：寬 1.5×1.8 尺、
米色布：寬 2.8× 長 2.1 尺、咖啡色裡布：寬 2.2× 長 1.1 尺、
厚布襯：寬 5× 長 2.2 尺。

裁 布

部位名稱	尺寸	數量
貓頭鷹表布		
大袋身	紙型（實際尺寸）	2 片（燙厚布襯）
拉鍊布	寬 3× 長 21cm（含縫份）	4 條（燙 1×21cm 厚布襯）
咖啡色表布		
外底	紙型（實際尺寸）	1 片（燙厚布襯）
大包袋蓋	紙型（實際尺寸）	2 片（1 片燙厚布襯）
小包袋蓋	紙型（實際尺寸）	2 片（1 片燙厚布襯）
米色布		
大袋身內裡	紙型（實際尺寸）	2 片（燙厚布襯）
內底	紙型（實際尺寸）	1 片（燙厚布襯）
小袋身	紙型（實際尺寸）	4 片（燙厚布襯）
拉鍊耳布	寬 3× 長 8cm（含縫份）	2 條（視個人需求）
咖啡色裡布		
小袋身	紙型（實際尺寸）	4 片

其它配件（部分五金可依照個人喜好增減）

大袋用：

2.5cm 米白色織帶 140cm ×1 條、2.5cm 米白色織帶 50cm ×1 條、2.5cm 鉤釦 ×2 個、8mm 撞釘 ×14 組、2.5cm 方型環 ×2 個、2.5cm 日型調整環 ×2 個、13.2×23.2cm 塑膠板 ×1 片、合成皮釦 ×1 組、合成皮片（長 10cm）×4 片、合成皮片 +D 環（長 11cm）×2 組、45cm 拉鍊 ×1 條、17cm 夾克拉鍊（長度可自己修剪）、3×19.5cm 咖啡色合成皮 ×1 條（提把裝飾用）、包邊條適量。

小袋用：

金屬 D 環釦 +8mm 撞釘 ×2 組、18cm 拉鍊 ×2 條、1cm 鉤釦 ×2 個、4×106cm 織帶 ×1 條（折成 1×106cm）。

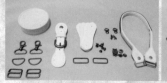

製作大小袋蓋

01 取大小袋蓋前後片共4片，燙襯備用。

02 先將2片大蓋袋，正面相對，用珠針固定好，沿著布襯車縫圓弧處。

03 翻回正面壓線0.5～0.7cm。同作法完成小袋蓋備用。並在大袋蓋縫上合成皮釦1組。

固定大袋蓋

04 取貓頭鷹表布前片，車縫固定17cm夾克拉鍊的一側於表布上。

05 將大袋蓋放於拉鍊上方夾車。

拉鍊

製作袋身前後片與組合

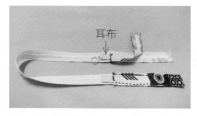

耳布

06 取拉鍊布共4條，夾車45cm拉鍊與製作好的耳布（多餘的最後再修剪）。

07 取貓頭鷹表布前片，與大袋身內裡布背面相對，先疏縫固定，再車縫上步驟6所完成的拉鍊布（由中心往左右兩側車縫）。

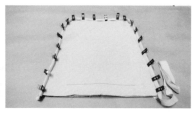

08 取包邊條包車縫份，同步驟7也將袋身後片組合好，並與拉鍊車合，包好縫份，完成大袋身。

組合袋底

09 翻正整理袋型，安裝合成皮片＋D環（長11cm）×2組，於後片袋身上。

10 取外底與袋身底部對齊車合。

11 裡布包上塑膠板，用來加強硬度。（作法參考P.75都會名媛風）

12 再用藏針縫與袋身底部縫合。

13 大袋前片敲洞，先裝上合成皮片＋方型環共 2 組，再裝上 2.5cm 米白色織帶 50cm 作為提把（前片提把無調整功能）。

小袋三層包

表袋的車縫與組合

 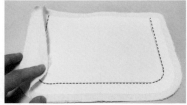 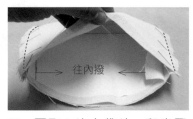

14 大袋後片取 2.5cm 米白色織帶 140cm，套上鉤釦與調整環，成為後背帶（後片提把可調整長度）。

15 準備咖啡色合成皮條，車縫在提帶上裝飾。大袋完成。

16 取米白色小袋身 4 片，燙襯備用。

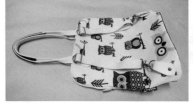 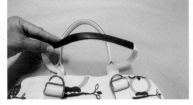 

17 取 1 片小袋身布，車縫上 17cm 夾克拉鍊的另一側備用。

18 取 2 片小袋身片，正面相對，用珠針固定好，照著紙型記號車縫 U 型。

19 再取 1 片小袋片，與步驟 18 之布片用珠針固定好，沿布襯車縫（需將裡面那片的三邊縫份往內側撥，不可車縫到！）

20 翻回正面。取步驟 17 的拉鍊小袋片，與剛才完成的袋身再進行車縫組合。

21 務必記得將裡面內袋身三邊往內側撥，不可車縫到喔！

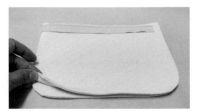

22 翻回正面的樣貌。

23 取小袋的裡布共 4 片，不需燙襯。

24 車上拉鍊，需完成兩組。

組合袋蓋與五金

25 將裡布正面相對，車縫周圍縫份。

26 接著將其套入表布內，對齊好用藏針縫縫合袋口。

夾克拉鍊

27 取完成的小袋蓋，並用藏針縫縫在小袋身上（有夾克拉鍊的那一側）。

製作背帶與組合

28 在袋蓋和袋身對應位置安裝造型四合釦。

29 安裝袋蓋上的金屬 D 環釦 +8mm 撞釘共 2 組。

30 將織帶寬 4× 長 106cm，折車成 1cm 寬的背帶，兩端裝上 1cm 鉤釦，敲上撞釘，完成斜背帶。

31 扣上小袋，即可單獨使用。

32 拉合大小袋的夾克拉鍊，大小袋組合完成。

FLOWER

二合一組合包

大方優雅的粉彩條紋布，
搭配上協調的配布與高質感的織帶、
還有鍊條與皮製配件，讓作品更顯大器高雅，
內外包完美結合，唯美呈現。

122

單獨使用外包時，拉出金屬鏈條當作側肩背帶，
包包版型線條簡單俐落，如同花朵般美麗討喜。

外包完成尺寸 ⇨
寬 27.2cm× 高 25cm× 底寬 6cm

內包完成尺寸 ⇨
寬 25cm× 高 28cm× 底寬 5cm

毫不遜色的內包，也很適合日常隨身肩背、單獨使用。

用布量

桃色素色帆布：寬 1.5× 長 3 尺、條紋桃色帆布：寬 1.5× 長 3
尺、刀叉盤圖案裡布：寬 3× 長 3 尺、粉色帆布：寬 8.5× 長
17cm、紅色水玉裡布：寬 0.6× 長 0.5 尺、厚布襯：寬 5× 長 3 尺。

裁 布

部位名稱	尺寸	數量
條紋桃色帆布		
外包表布	紙型（實際尺寸）	2 片（燙厚布襯）
外包側邊條	紙型（實際尺寸）	1 片（燙厚布襯）
內包小口袋表布	紙型（實際尺寸）	1 片（燙厚布襯）
粉色帆布		
內包的小袋緣	寬 6.5× 長 15cm（實際尺寸）	1 片（燙半邊襯）
紅色水玉裡布		
內包小口袋	紙型（實際尺寸）	1 片
桃色素色帆布		
內包表布	紙型（實際尺寸）	2 片（燙厚布襯）
內包側邊條表布	紙型（實際尺寸）	1 片（燙厚布襯）
刀叉盤圖案裡布		
外包裡布	紙型（實際尺寸）	2 片（燙厚布襯）
外包側邊條裡布	紙型（實際尺寸）	1 片（燙厚布襯）
外包拉鍊口布	寬 1.8× 長 25cm（實際尺寸）	4 片（2 片燙厚布襯）
外包口袋的上緣布	紙型（實際尺寸）	2 片（燙厚布襯）
內包裡布	紙型（實際尺寸）	2 片（燙厚布襯）
內包側邊條裡布	紙型（實際尺寸）	1 片（燙厚布襯）
內包拉鍊口布	寬 1.5× 長 23cm（實際尺寸）	4 片（2 片燙厚布襯）
內包口袋的上緣布	紙型（實際尺寸）	2 片（燙厚布襯）

其它配件

外包用：
72cm 合成皮鍊條提把 ×2 條、圓型雞眼（外徑 2.7cm；內徑 1.6cm）×4 組、橢圓型雞眼（外徑 4.5cm；
內徑 3.0cm）×2 組、2cm D 環 ×2 個（合成皮鍊條提把用）、25cm 夾克拉鍊 ×1 條。
內包用：
2.5cm 掛鉤 ×2 個（合成皮提把用）、拱型五金（長 2.8× 高 1.5cm）×2 個、合成皮織帶約 52cm×1 條（可
視需求變換）、黑色合成皮片 ×2 組（可視需求變換）、8mm 撞釘 ×4 組、20cm 拉鍊 ×1 條。

製作外包裡袋

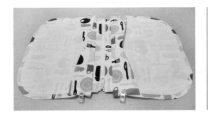

01 準備好製作外包所需的圖案裡布。

02 先取外包裡布的拉鍊口布 4 片,夾車 25cm 拉鍊。

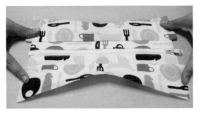

03 再車縫上外包口袋的上緣布。

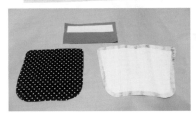

04 將所完成的部分,再與外包裡布袋身車縫。

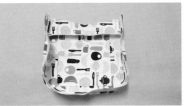

05 取側邊條布,與袋身前後片組合車縫。

06 於袋底一側留返口,外包裡袋即完成。外包表袋類似此做法,唯裁布上稍有不同(上緣布不須裁下)。完成表袋後,再將表袋套入裡袋(正面相對),於袋口車縫一圈,翻回正面,袋口上緣壓線 0.2 ~ 0.3cm 即完成。

返口

製作內包表袋

07 準備好內包小口袋的表布、裡布、袋緣布備用。

08 取內包的口袋上緣布,燙上一半的厚布襯),正面相對車縫左右兩側(未燙襯那邊的縫份折起)。

09 內包小口袋抓皺疏縫固定。

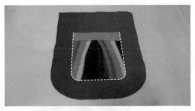

10 再與紅色水玉裡布正面相對,車縫 U 型翻回正面。

11 將步驟 8 所完成的口袋上緣布,車縫在小口袋上。

12 翻回正面組合好,再車縫固定於內包前片上。

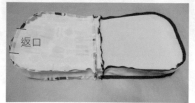

13 取內包前、後表布，與側邊條表布縫合，完成內包表袋。內包裡袋作法，同外包裡袋作法（步驟 1～6）。再將表袋套入裡袋（正面相對），袋口車縫一圈。

14 由返口翻回正面。

15 袋口上緣壓約 0.2～0.3cm 的線，完成內包車縫。

組合五金配件（外包）

16 外包側邊挖橢圓型雞眼的洞，並裝上五金。

17 圓型雞眼裝在外包前後片。

18 先取 72cm 合成皮鍊條提把一條，兩端各自穿進雞眼內，中間扣上 2cm D 環結合。同法完成另一條提把。

組合五金配件（內包）

20 在內包側邊條上，裝上拱型五金（左右各一個）。

21 內包拱型五金與外包橢圓型雞眼扣合的樣子。

19 外包完成。

內外包組合

22 取合成皮織帶長約 52cm 一條，並將掛鉤夾在對折的黑色合成片上，敲打上 8mm 撞釘共 4 組做固定。

23 將提把扣上包包，內包完成。

24 將外包鍊條收拉入內包，扣上手提把，組合完成。

經典格紋
學院風三用水桶包

經典不敗格紋設計布樣，
總是能讓手作品散發出文青典雅的氣質。
背帶可以單肩斜背或雙肩後背靈活變化，
更可展現出包包不同的韻味。

大包完成尺寸 ⇨
寬 23.5cm✕ 高 30cm✕ 底寬 13.5cm

單獨使用小包,也很雅緻喔!

小包完成尺寸 ⇨
寬 17cm✕ 高 21.5cm

用布量

粉紅格子表布：寬2.2× 長2.2尺、咖啡色表布：寬2.6× 長1.6尺、
米白素裡布：寬2× 長1.2尺、厚布襯：寬3× 長3.5尺。

裁布

部位名稱	尺寸	數量
粉紅格子表布		
大袋身前後片（中間部份）	紙型（實際尺寸）	2片（燙厚布襯）
小袋身前後片	紙型（實際尺寸）	2片（燙厚布襯）
咖啡色表布		
袋身前後片（上緣布）	紙型（實版，上緣袋口含包邊縫份）	2片（燙厚布襯）
袋身前後片（下緣布）	紙型（實際尺寸）	2片（燙厚布襯）
小包袋蓋	紙型（實際尺寸）	2片（燙厚布襯）
外底	紙型（實際尺寸）	1片（燙厚布襯）
米白素裡布		
大袋身前後裡布	紙型（實版，上緣袋口含包邊縫份）	2片（燙厚布襯）
小袋身前後裡布	紙型（實際尺寸）	2片（燙厚布襯）
內底	紙型（實際尺寸）	1片（燙厚布襯）

其它配件

13×23.5cm 橢圓型塑膠片 ×1 片、12mm 造型四合釦 ×1 組、16.5cm 夾克拉鍊 ×1 條（可自行裁切為此
長度）、8mm 撞釘 ×1 組、外徑 18mm 雞眼 ×12 組、1cm 棉繩 250cm×1 條、15mm 手縫磁釦 ×1 組、
約 2.5×120cm 合成皮（包邊）、3×10cm 合成皮（棉繩束口用）、約 1cm 寬斜背帶 120cm（小包用）。

水桶包作法

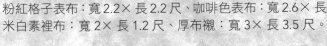

製作袋身（表）

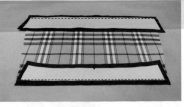  

01　取大袋身前後片（中間部份），接上咖啡色上緣布與下緣布。

02　翻回正面壓線（縫份都倒向上、下緣布），同作法完成另一片表袋身。

03　將 2 片表布正面相對，車縫左右兩側。再取咖啡色外底與袋身進行車縫。

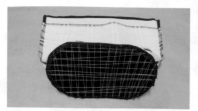

04 再用粗一點的線，在底部包縫上橢圓型塑膠片（做法很多種，視個人習慣製作）。

05 翻回正面整理袋型。

06 取大袋身前後裡布，正面相對，車縫左右兩側。

組合表裡袋與包邊

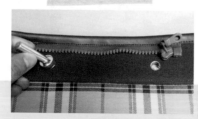

07 取內底橢圓型裡布，與步驟6的裡袋身底部組合。

08 將車好的裡袋，套進格子表袋裡（背面相對），上緣的縫份都往內折入，並用彈力夾先固定。再將 16.5cm 夾克拉鍊的一側先固定在前片袋緣中心處。

09 袋口先疏縫一圈，再用合成皮包邊車縫固定。

組合五金與穿繩

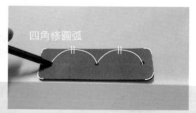

10 按照紙型上的雞眼位置打出10 個洞（袋口 8 個，袋底側片 2 個）

11 再敲上雞眼

12 取 3×10mm 合成皮（製作棉繩束口），等距離打出 3 個洞

13 摺好並敲上 8mm 的撞釘。

14 取棉繩穿入上緣雞眼。

15 套上束口。

製作袋蓋

16　再將兩端線頭，繞到袋底的雞眼，由外向內穿入。

17　將穿入的兩端線頭，於袋內部打結。袋口縫上一對磁釦，水桶包完成。

18　取咖啡色小袋蓋 2 片，正面相對，沿著布襯車縫 U 型。

製作表裡袋身

19　翻回正面，開口縫份內折，整理好備用。

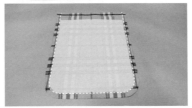

20　取小袋表布前後片，正面相對，沿著布襯車縫 U 型。
※注意：格子小袋前片表布比較短，後片較長（裡布也一樣）。

21　同作法完成小袋裡布。

車縫拉鍊與合成皮

22　小袋表布翻回正面，將裡布套入表布內。

23　將袋口縫份都往內折，並用藏針縫縫好袋緣，壓 0.5cm 的線。

24　再將 16.5cm 夾克拉鍊的另一側車上（多餘的拉鍊布折到後面）。

組合五金與大小袋包

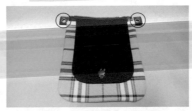

25　取合成皮 29cm，將兩端向後折起收好固定。再將步驟 19 完成的咖啡色袋蓋車上。

26　合成皮左右兩側耳打洞，敲上雞眼。袋蓋與袋身打上一組四合釦，完成小包。

27　拉合夾克拉鍊，大小包組合完成。

幾何印象

藝術子母後背包

低調沉穩又不失華麗的搭配，
讓整個包充滿個性之美，
就跟著抽象的幾何線條，
前往另一個神祕的奇幻世界，
展開一場充滿驚奇的美麗冒險吧！

子母包組合使用，讓後背包更具層次立體感。

大包完成尺寸 ⇨
寬 25cm× 高 30cm× 底寬 5cm

子包不但可以作為腰包，
斜背也很帥氣有型喔！

小包完成尺寸 ⇨
寬 18cm× 高 17.5cm× 底寬 3cm

Materials 紙型 D 面

用布量

抽象圖案表布：寬 2.3× 長 1.5 尺、米白素表布：寬 1.1× 長 1.1 尺、
苔鮮綠表布：寬 2.3× 長 2 尺、米白素裡布：寬 3× 長 1.8 尺、深米
色裡布：寬 1.2× 長 0.7 尺、厚布襯：寬 5× 長 2.5 尺。

裁 布

部位名稱	尺寸	數量
抽象圖案表布		
大包前片	紙型（實際尺寸）	1 片（燙厚布襯）
大包後口袋	紙型折雙（實際尺寸）	1 片（燙半邊襯）
小包前後片	紙型（實際尺寸）	2 片（燙厚布襯）
大包前片扣帶	6×16cm（含縫份）	1 片（燙 2×14cm 半邊襯）
小包後腰布	10×12cm（含縫份）	1 片（燙 4×10cm 半邊襯）
2.5cm D 環布	8×18cm（含縫份）	剪成 3 份
2.0cm D 環布	6×12cm（含縫份）	剪成 2 份
米白素表布		
大包後片	紙型（實際尺寸）	1 片（燙厚布襯）
小包拉鍊上緣布	寬 4× 長 26.4cm（含縫份）	1 條（燙厚布襯）
苔鮮綠表布		
大包前後袋蓋	紙型（實際尺寸）	2 片（燙厚布襯）
大包拉鍊上緣布	紙型（實際尺寸）	1 片（燙厚布襯）
大包底	紙型（實際尺寸）	1 片（燙厚布襯）
小包底	寬 5× 長 43.6cm（含縫份）	1 片（燙厚布襯）
米白素裡布		
大包前後片	紙型（實際尺寸）	2 片（燙厚布襯）
大包拉鍊上緣布	紙型（大弧度的一邊縫份為 3cm，包邊用）（實版）	1 條（燙厚布襯）
大包底	紙型（同大弧度的那一側縫份為 3cm，包邊用）（實版）	1 條（燙厚布襯）
小包前後袋身	紙型（實際尺寸）	2 片（燙厚布襯）
小包拉鍊上緣布	寬 6× 長 26.4cm（含包邊的縫份）	1 條（燙厚布襯）
小包底	寬 7× 長 43.6cm（含包邊的縫份）	1 條（燙厚布襯）
小包斜布條	4×75cm（步驟 38 包邊用）	1 條
大包斜布條	4×100cm（步驟 14 包邊用）	1 條
深米色裡布		
大包前後袋蓋	紙型（實際尺寸）	2 片

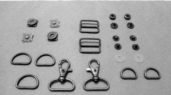

製作大包

How To Make

製作前蓋

01 取大包前蓋，與裡布正面相對，車縫拉鍊外框線，並剪出拉鍊口。

02 將裡布從洞口往裡面拉好。

03 稍作整理，燙出拉鍊口。

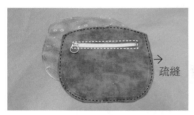

04 車上拉鍊，並疏縫外圍一圈。

疏縫

05 後蓋片與內裡背面相對，周圍疏縫一圈。

06 取前蓋與後蓋，正面相對，車縫周圍的縫份。

製作側邊布、前袋身

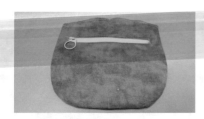

07 翻回正面整燙。

08 前袋蓋用彈力夾固定好在大包前片，並車縫。

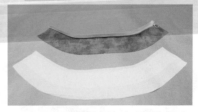

09 45cm 拉鍊夾車在弧形表布與裡布中間。

10 完成後如圖，並於彎弧處剪牙口。

11 取底的表布與裡布夾車拉鍊上緣布左右兩側，成一環狀，完成側邊布。

12 大包前片與裡布背面相對，用珠針固定好疏縫一圈。

13 再與步驟 11 的側邊布對齊車合一整圈。

14 用斜布條包住縫份。

製作扣帶與腰布

15 車縫完成後的樣貌。

16 前片打上公釦 2 個。

17 取大包前片扣帶與小包後腰布。

18 先個別車縫好，並翻回正面壓線。

19 剪 2×2cm 魔術氈（公）車縫在扣帶，母的魔術氈車在前片袋身上。

20 扣帶另一端車固定於前片袋身，再手縫磁釦於前片跟袋蓋對應位置處。

製作後袋身

21 大包後片口袋依紙型折雙剪下，並燙上半邊襯。

22 口袋對折疏縫於後片米白表布上。

23 取裡布與後片背面相對，用珠針固定好，並疏縫起來。

組合袋身

24 製作 D 環布 3 份，分別車縫固定在後片上，多餘的布剪掉。

25 將後片布與側邊條車合。

26 將多 3cm 的縫份，用來包縫住縫份。

製作小包

製作袋身前、後片

27 翻回正面整理袋型，大包車縫完成。

28 小包後片表布，先安裝四合釦（母）2 個。

29 車縫上腰布。

製作側邊條

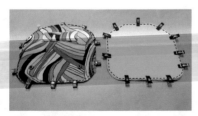

30 分別將小包前後片的表布與裡布背面相對，疏縫固定。

31 準備 2cm 的 D 環布車縫好備用。

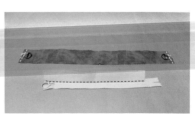

32 將 2cm 的 D 環布，車縫在小包底的左右兩端。取小包拉鍊上緣布與拉鍊一側車合。

33　再取小包底布車縫於拉鍊兩端，並剪斷多餘的拉鍊。

34　取拉鍊上緣裡布與底的裡布，正面相對，於左右兩端先車縫（不用車到底，預留出拉鍊的空間）。

35　將步驟34套進側邊條表布內（背面相對），對齊好珠針暫固定。

組合袋身

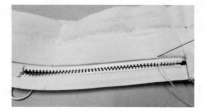  

36　並用藏針縫縫合拉鍊處（方法很多種，視個人習慣）。

37　前片與側邊條布對齊車縫。

38　斜布條燙成四折包住縫份並車縫固定。

39　前片車縫好後的樣貌。

40　後片車好後則用多餘的布包車縫份。

41　翻回正面整理袋身。

42　正面手縫上磁釦，小包完成。

43　穿上製作好的可調式背帶，成為腰包或肩背包單獨使用。

44　製作兩條背帶，扣在大包後方，即可作為後背包使用。大小包組合，作品完成。

協奏曲口金包

優雅大方的口金包裡，安插著精巧的斜背包，
在彼此悠揚的音律中，協奏出和諧與美好。
經典水玉與不敗格子布相互烘托，呈現雋永之美。

圓弧造型的粉色大口金包，大器不失甜美；
小包的插扣設計，更為大口金包增添層次感。

大包完成尺寸 ⇨
寬 27cm × 高 20cm × 底寬 13cm

小包完成尺寸 ⇨
寬 22.5cm × 高 12cm

用布量

咖啡點點帆布：寬 1.4× 長 1.5 尺、粉色點點帆布：寬 1× 長 1 尺、粉紅格帆布：寬 0.5× 長 4 尺、咖啡色帆布：寬 1.6× 長 1 尺、先染咖啡色裡布：寬 1.4× 長 1.9 尺、厚布襯：寬 5× 長 3 尺。

裁布

部位名稱	尺寸	數量
咖啡點點帆布		
口金袋身	紙型（實際尺寸）	2 片（燙厚布襯）
拉鍊延長布	寬 3× 長 11cm(需對折)（含縫份）	2 片
粉色點點帆布		
小包前後片	紙型（實際尺寸）	2 片（燙厚布襯）
粉紅格帆布		
袋蓋	紙型（實際尺寸）	2 片（1 片燙厚布襯）
小背帶	約寬 4.8× 長 117cm（含縫份）	1 條
小 D 環耳	約寬 4.8× 長 6cm（含縫份）	2 條
咖啡色帆布		
小包裡布	紙型（實際尺寸）	2 片（燙厚布襯）
外底	寬 15× 長 29cm（含縫份）	1 片 （燙厚布襯）
先染咖啡色裡布		
口金袋身	紙型（實際尺寸）	2 片（燙厚布襯）
內底	寬 21× 長 35cm（含縫份）	1 片（燙厚布襯）
裡布口袋	寬 20× 長 22cm（含縫份）	1 片（燙半襯：寬 10× 長 18cm）

其它配件

56cm 雙頭拉鍊 ×1 條、20cm 拉鍊 ×1 條、口金（外徑寬 5× 長 11cm）×2 組、12mm 四合釦 ×3 組、1.8mm D 環 ×2 個、1.8mm 掛鉤 ×2 個、塑膠底板（寬 12.5× 長 26.5cm）×1 片。

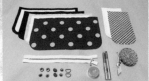 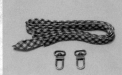

製作大包

How To Make

製作底板與拉鍊延長布

  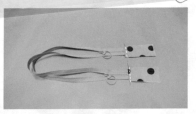

01　取先染咖啡色裡布，包上塑膠底板。

02　內底板背面縫法（做法有很多種，此為 P.130 步驟 4 的做法）。

03　取拉鍊與延長布兩片，將布片對折車縫於拉鍊兩端，若有多餘的部份再做修剪。

04 取前袋身帆布，依口金位置剪出洞，縫份內折好並貼上水溶性膠帶（或先疏縫都可）。

05 先取一片袋身與拉鍊延長布進行車縫，再剪掉多餘的布。※注意：縫合拉鍊都由中心點往左右車縫。

06 同作法完成另一面袋身與另一側拉鍊的車縫。

07 取裡布口袋車縫成內口袋，再車在先染咖啡色裡布上。口袋完成後，再將裡布袋身用藏針縫縫於拉鍊弧度內部。

08 裡布剪出口金位置，縫份折好疏縫。同作法完成另一面的袋身片。

09 取外底布先疏縫袋底，確定無誤後，再車縫固定。

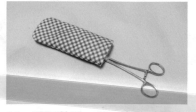

10 取步驟 2 所完成之內底板，用藏針縫縫合於底部。

11 翻回正面，整理袋型。

12 安裝前後片口金，完成大包車縫。

製作小包

13 取袋蓋兩片正面相對固定好，沿著布襯車縫圓弧處，留 0.5cm 的縫份，其餘的修剪掉。

14 翻回整燙，開口處的縫份往內折入。

15 取小袋身表布 2 片，分別車於 20cm 的拉鍊左右兩邊，再車縫上小 D 環 2 組。※環布耳做法：取耳布（寬 4.8× 長 6cm），由兩側向中間折入，再對折車成約 1.2×6cm 布條。

16　按紙型記號位置，釘上 3 個四合釦（公）。

17　袋蓋可壓 0.5cm 的裝飾線，釘上四合扣（母），按紙型位置車縫一道固定。

18　車縫完成後的樣貌。

製作小袋身（裡）

19　取小包裡布 2 片，分別夾車拉鍊與表布。

20　車縫完成後的樣貌。

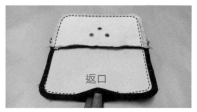

21　表布、裡布各自正面相對，車縫外圍一圈，留一返口。（拉鍊記得拉開）

22　翻回正面，並以藏針縫縫合返口。

23　小包完成後的樣貌。

組合大小袋

24　大包口袋裡依紙型標示位置敲上四合釦 2 個（母釦）。（勿敲到大包袋身）

25　表面也敲上四合釦 1 個（公釦）。

26　將小包裝入，固定四合扣，大小包組合完成。

27　取小背帶布（寬 4.8× 長 117cm）一條，製成寬約 1.2cm 之長布條，搭配 1.8mm 外徑掛鉤，即可完成斜背帶。扣上小包，可單獨使用。

玩布生活 26

多功能百變造型包

作者	宋淑慧（黛西）
總編輯	彭文富
編輯	潘人鳳、高偉玲
美術設計	徐小碧
攝影師	詹建華
紙型繪圖	菩薩蠻數位文化

出版者	飛天手作興業有限公司
地址	新北市中和區中正路 872 號 6 樓之 2
電話	(02)2222-2260
傳真	(02)2222-1270
廣告專線	(02)2222-7270 分機 12 邱小姐
教學購物網	www.cottonlife.com
臉書專頁	https://www.facebook.com/cottonlife.club
E-mail	cottonlife.service@gmail.com

■發行人　　彭文富
■劃撥帳號　50141907
■戶名　　　飛天手作興業有限公司
■總經銷　　時報文化出版企業股份有限公司
■電　話　　(02)2306-6842
■倉庫　　　桃園市龜山區萬壽路二段 351 號

初版　2018 年 12 月
ISBN　978-986-96654-2-1
定價　420 元（港幣 140 元）

國家圖書館出版品預行編目 (CIP) 資料

多功能百變造型包 / 宋淑慧作 .-- 初版 .--
新北市：飛天手作，2018.12
　　面；　公分 .-- (玩布生活；26)
ISBN 978-986-96654-2-1(平裝)

1. 手提袋 2. 手工藝
426.7　　　　　　　　　　107020760